TURING 图灵程序设计丛书

微服务设计

Building Microservices

[英] Sam Newman 著

崔力强　张骏 译

U0377654

O'REILLY®

Beijing • Cambridge • Farnham • Köln • Sebastopol • Tokyo

O'Reilly Media, Inc.授权人民邮电出版社出版

人民邮电出版社

北　京

图书在版编目（CIP）数据

微服务设计 ／（英）纽曼（Newman, S.）著 ； 崔力强，
张骏译. -- 北京 ： 人民邮电出版社，2016.4（2021.6重印）
（图灵程序设计丛书）
ISBN 978-7-115-42026-8

Ⅰ. ①微… Ⅱ. ①纽… ②崔… ③张… Ⅲ. ①软件设
计—系统设计 Ⅳ. ①TP311.5

中国版本图书馆CIP数据核字（2016）第057182号

内 容 提 要

　　本书全面介绍了微服务的建模、集成、测试、部署和监控，通过一个虚构的公司讲解了如何
建立微服务架构。主要内容包括认识微服务在保证系统设计与组织目标统一上的重要性，学会把服
务集成到已有系统中，采用递增手段拆分单块大型应用，通过持续集成部署微服务，等等。

　　本书适合软件架构师、系统设计师及其他相关工程人员阅读。

　◆　著　　　　　[英] Sam Newman
　　　译　　　　　崔力强　张　骏
　　　责任编辑　　岳新欣
　　　执行编辑　　崔晶晶
　　　责任印制　　彭志环

　◆　人民邮电出版社出版发行　　北京市丰台区成寿寺路 11 号
　　　邮编　100164　　电子邮件　315@ptpress.com.cn
　　　网址　https://www.ptpress.com.cn
　　　固安县铭成印刷有限公司印刷

　◆　开本：800×1000　1/16
　　　印张：14.25
　　　字数：340千字　　　　　　　　2016 年 4 月第 1 版
　　　印数：34 301 – 34 700 册　　　2021 年 6 月河北第 21 次印刷
　　　著作权合同登记号　图字：01-2015-7993号

定价：69.00元
读者服务热线：**(010)84084456**　印装质量热线：**(010)81055316**
反盗版热线：**(010)81055315**
广告经营许可证：京东市监广登字20170147号

版权声明

O'Reilly Media, Inc.介绍

O'Reilly Media 通过图书、杂志、在线服务、调查研究和会议等方式传播创新知识。自 1978 年开始，O'Reilly 一直都是前沿发展的见证者和推动者。超级极客们正在开创着未来，而我们关注真正重要的技术趋势——通过放大那些"细微的信号"来刺激社会对新科技的应用。作为技术社区中活跃的参与者，O'Reilly 的发展充满了对创新的倡导、创造和发扬光大。

O'Reilly 为软件开发人员带来革命性的"动物书"；创建第一个商业网站（GNN）；组织了影响深远的开放源代码峰会，以至于开源软件运动以此命名；创立了 Make 杂志，从而成为 DIY 革命的主要先锋；公司一如既往地通过多种形式缔结信息与人的纽带。O'Reilly 的会议和峰会集聚了众多超级极客和高瞻远瞩的商业领袖，共同描绘出开创新产业的革命性思想。作为技术人士获取信息的选择，O'Reilly 现在还将先锋专家的知识传递给普通的计算机用户。无论是通过书籍出版、在线服务或者面授课程，每一项 O'Reilly 的产品都反映了公司不可动摇的理念——信息是激发创新的力量。

业界评论

"O'Reilly Radar 博客有口皆碑。"
——*Wired*

"O'Reilly 凭借一系列（真希望当初我也想到了）非凡想法建立了数百万美元的业务。"
——*Business 2.0*

"O'Reilly Conference 是聚集关键思想领袖的绝对典范。"
——*CRN*

"一本 O'Reilly 的书就代表一个有用、有前途、需要学习的主题。"
——*Irish Times*

"Tim 是位特立独行的商人，他不光放眼于最长远、最广阔的视野，并且切实地按照 Yogi Berra 的建议去做了：'如果你在路上遇到岔路口，走小路（岔路）。'回顾过去，Tim 似乎每一次都选择了小路，而且有几次都是一闪即逝的机会，尽管大路也不错。"
——*Linux Journal*

目录

前言

微服务是一种分布式系统解决方案，推动细粒度服务的使用，这些服务协同工作，且每个服务都有自己的生命周期。因为微服务主要围绕业务领域建模，所以避免了由传统的分层架构引发的很多问题。微服务也整合了过去十年来的新概念和技术，因此得以避开许多面向服务的架构中的陷阱。

本书包含了业界使用微服务的很多案例，包括 Netflix、Amazon、Gilt 和 REA 等。这些组织都发现这种架构有一个很大的好处，就是能够给予他们的团队更多的自治。

谁该读这本书

细粒度的微服务架构包含了很多方面的内容，所以本书的范围很广，适用于对系统的设计、开发、部署、测试和运维感兴趣的人们。对于那些已经走上更细粒度架构之路的人，无论是开发新应用，还是拆分现有的单块系统，都会因书里很多的实用建议而受益。对于想要了解微服务方方面面的人，这本书也可以帮助你确定微服务是否适合你。

为什么写这本书

在多年前帮助人们更快地交付软件时，我就已经开始思考系统架构相关的话题了。我意识到，虽然基础设施自动化、测试和持续交付等技术很有用，但如果系统本身的设计不支持快速变化，那所能做的事情将会受到很大限制。

与此同时，许多组织尝试使用更细粒度的架构来实现更快的交付，结果发现其带来了更好的可扩展性，增强了团队的自治，或使团队更容易接受新技术。我自己的经历，以及我在 ThoughtWorks 和其他公司的同事的经历，都强化了这样的事实：使用大量的独立生命周期的服务，会引发很多令人头痛的问题。在某种程度上，你可以把这本书作为一个一站式商店，其包含微服务所涉及的各种主题，以帮助你来理解微服务。要是以前就知道这些概念的话，我将受益匪浅！

当今的微服务

微服务是一个快速发展的主题。尽管它不是一个新的想法（虽然这个词本身是），但世界各地的人们所获取的经验以及新技术的出现正在对如何使用它产生深远的影响。因为其变化的节奏很快，所以这本书更加关注理念，而不是特定技术，因为实现细节变化的速度总是比它们背后的理念要快得多。而且，我完全相信几年后我们会对微服务适用的场景了解更多，也会知道如何更好地使用它。

所以，虽然在本书中我已经尽最大的努力来提炼出这个主题的本质，但如果你对这个话题感兴趣的话，还是要做好进行若干年持续学习的准备，来保证你处在这个领域的前沿！

本书结构

这本书主要基于主题来组织，因此你可以直接翻阅你最感兴趣的主题。我在前面几章中尽量列出了所有的术语和想法，我相信即使自认在微服务领域已经相当有经验的人，也会在这几章中找到感兴趣的话题。我建议大家看看第 2 章，其中涉及的话题很广，并提供了一些框架，来帮助你更加深入地学习后面的主题。

对微服务不太了解的人，可以按照我的章节安排从头读到尾。

以下概述了本书所涵盖的内容。

- 第 1 章，微服务
  首先介绍微服务的基本概念，包括微服务的主要优点以及一些缺点。

- 第 2 章，演化式架构师
  这一章讨论了架构师需要做出的权衡，以及在微服务架构下具体有哪些方面是我们需要考虑的。

- 第 3 章，如何建模服务
  在这一章我们使用领域驱动设计来定义微服务的边界。

- 第 4 章，集成
  这一章开始深入具体的技术，讨论什么样的服务集成技术对我们帮助最大。我们还将深入研究用户界面，以及如何集成遗留产品和 COTS（Commercial Off-The-Shelf，现成的商业软件）产品这个主题。

- 第 5 章，分解单块系统
  很多人对于如何把一个大的、难以变化的单块系统分解成微服务很感兴趣，而这正是我们将在这一章详细介绍的内容。

- 第 6 章，部署

  尽管这本书讲述的主要是微服务的理论，但书中的几个主题还是会受到最新技术的影响，部署就是其中之一，我们在这一章会探讨这方面的内容。

- 第 7 章，测试

  本章会深入测试这个主题，测试在部署多个分散的服务时很重要。特别需要注意的是，消费者驱动的契约测试在确保软件质量方面能够起到什么样的作用。

- 第 8 章，监控

  在部署到生产环境之前的测试并不能完全保证我们上线后没有问题。这一章探讨了细粒度的系统该如何监控，以及如何应对分布式系统的复杂性。

- 第 9 章，安全

  这一章将会研究微服务的安全，考虑如何处理用户对服务及服务间的身份验证和授权。在计算领域，安全是一个非常重要的话题，而且很容易被忽略。尽管我不是安全专家，但我希望这一章至少能帮助你了解在构建系统，尤其是微服务系统时，需要考虑的一些内容。

- 第 10 章，康威定律和系统设计

  这一章的重点是组织结构和系统设计的相互作用。许多组织已经意识到，两者不匹配会导致很多问题。我们将试图弄清楚这一困境的真相，并考虑一些不同的方法将系统设计与你的团队结构相匹配。

- 第 11 章，规模化微服务

  这一章我们将开始了解规模化微服务所面临的问题，以便处理在有大量服务时失败概率增大及流量过载的问题。

- 第 12 章，总结

  最后一章试图分析微服务与其他架构有什么本质上的不同。我列出了微服务的七个原则，并总结了本书的要点。

排版约定

本书使用了下列排版约定。

- 楷体

  表示新术语。

- 等宽字体（constant width）

  表示程序片段，以及正文中出现的变量、函数名、数据库、数据类型、环境变量、语句和关键字等。

- 加粗等宽字体（**constant width bold**）
  表示应该由用户输入的命令或其他文本。

- 斜体等宽字体（*constant width bold*）
  表示应当被用户自定义的值或上下文决定的值所替换的文本。

Safari® Books Online

 Safari Books Online（http://www.safaribooksonline.com）是应运而生的数字图书馆。它同时以图书和视频的形式出版世界顶级技术和商务作家的专业作品。技术专家、软件开发人员、Web设计师、商务人士和创意专家等，在开展调研、解决问题、学习和认证培训时，都将Safari Books Online 视作获取资料的首选渠道。

对于组织团体、政府机构和个人，Safari Books Online 提供各种产品组合和灵活的定价策略。用户可通过一个功能完备的数据库检索系统访问 O'Reilly Media、Prentice Hall Professional、Addison-Wesley Professional、Microsoft Press、Sams、Que、Peachpit Press、Focal Press、Cisco Press、John Wiley & Sons、Syngress、Morgan Kaufmann、IBM Redbooks、Packt、Adobe Press、FT Press、Apress、Manning、New Riders、McGraw-Hill、Jones & Bartlett、Course Technology 以及其他几十家出版社的上千种图书、培训视频和正式出版之前的书稿。要了解 Safari Books Online 的更多信息，我们网上见。

联系我们

请把对本书的评价和问题发给出版社。

美国：

> O'Reilly Media, Inc.
> 1005 Gravenstein Highway North
> Sebastopol, CA 95472

中国：

> 北京市西城区西直门南大街 2 号成铭大厦 C 座 807 室（100035）
> 奥莱利技术咨询（北京）有限公司

O'Reilly 的每一本书都有专属网页，你可以在那儿找到本书的相关信息，包括勘误表、示例代码以及其他信息。本书的网站地址是：

> http://bit.ly/building-microservices

对于本书的评论和技术性问题，请发送电子邮件到：bookquestions@oreilly.com

要了解更多 O'Reilly 图书、培训课程、会议和新闻的信息，请访问以下网站：
http://www.oreilly.com

我们在 Facebook 的地址如下：http://facebook.com/oreilly

请关注我们的 Twitter 动态：http://twitter.com/oreillymedia

我们的 YouTube 视频地址如下：http://www.youtube.com/oreillymedia

致谢

我要把这本书献给 Lindy Stephens，没有她就没有这本书。是她鼓励我开始了这段旅程，并在我充满压力的写作过程中一直支持我。她是最好的伴侣。我还想把这本书献给我的父亲 Howard Newman，他一直陪伴着我。这本书是献给你们两位的。

我想特别感谢 Ben Christensen、Vivek Subramaniam 和 Martin Fowler 在本书的写作过程中提供了详细的反馈，是他们的帮助成就了这本书。我还想感谢 James Lewis，我们一边喝啤酒一边讨论本书中的想法。没有他们的帮助和指导，这本书就不可能写成。

此外，还有很多人在本书的早期版本中提供了帮助和反馈。我要特别感谢 Kane Venables、Anand Krishnaswamy、Kent McNeil、Charles Haynes、Chris Ford、Aidy Lewis、Will Thames、Jon Eaves、Rolf Russell、Badrinath Janakiraman、Daniel Bryant、Ian Robinson、Jim Webber、Stewart Gleadow、Evan Bottcher、Eric Sword、Olivia Leonard（以上排名不分先后），还有 ThoughtWorks 的所有其他同事以及业界的同行，感谢他们帮我走了这么远。

最后，我要感谢 O'Reilly 的所有员工，包括让我开始撰写本书的 Mike Loukides、本书编辑 Brian MacDonald、Rachel Monaghan、Kristen Brown、Betsy Waliszewski，以及所有其他以我不知道的方式帮助过我的人。

第 1 章

微服务

多年以来，我们一直在寻找更好的方法来构建应用系统。我们一直在学习已有的技术，尝试新技术，也目睹过不少新兴技术公司使用不同的方式来构建 IT 应用系统，从而提高了客户满意度和开发效率。

Eric Evans 的《领域驱动设计》一书帮助我们理解了用代码呈现真实世界的重要性，并且告诉我们如何更好地进行建模。持续交付理论告诉我们如何更有效及更高效地发布软件产品，并指出保持每次提交均可发布的重要性。基于对 Web 的理解，我们寻找到了机器与机器交互的更好方式。Alistair Cockburn 的六边形架构理论把我们从分层架构中拯救出来，从而能够更好地体现业务逻辑。借助虚拟化平台，我们能够按需创建机器并且调整其大小，借助基础设施的自动化我们也很容易从一台机器扩展到多台。在类似 Amazon 和 Google 这样成功的大型组织中，有很多小团队，他们各自对某个服务的全生命周期负责。最近，Netflix 分享了构建大型反脆弱系统的经验，而这种构建方式在 10 年前是很难想象的。

随着领域驱动设计、持续交付、按需虚拟化、基础设施自动化、小型自治团队、大型集群系统这些实践的流行，微服务也应运而生。它并不是被发明出来的，而是从现实世界中总结出来的一种趋势或模式。但是没有前面提及的这些概念，微服务也很难出现。在本书接下来的内容中，我会尝试把这些概念整合起来，从而给出一个涉及如何构建、管理和演化微服务的全景图。

很多组织发现细粒度的微服务架构可以帮助他们更快地交付软件，并且有更多机会尝试新技术。微服务在技术决策上给了我们极大的自由度，使我们能够更快地响应不可避免的变化。

1.1　什么是微服务

微服务就是一些协同工作的小而自治的服务。让我们详细地分析一下微服务的定义，看看它有什么不同之处。

1.1.1　很小，专注于做好一件事

随着新功能的增加，代码库会越变越大。时间久了代码库会非常庞大，以至于想要知道该在什么地方做修改都很困难。尽管我们想在巨大的代码库中做到清晰地模块化，但事实上这些模块之间的界限很难维护。相似的功能代码开始在代码库中随处可见，使得修复 bug 或实现更加困难。

在一个单块系统内，通常会创建一些抽象层或者模块来保证代码的内聚性，从而避免上述问题。内聚性是指将相关代码放在一起，在考虑使用微服务的时候，内聚性这一概念很重要。Robert C. Martin 有一个对单一职责原则（Single Responsibility Principle）的论述："把因相同原因而变化的东西聚合到一起，而把因不同原因而变化的东西分离开来。"该论述很好地强调了内聚性这一概念。

微服务将这个理念应用在独立的服务上。根据业务的边界来确定服务的边界，这样就很容易确定某个功能代码应该放在哪里。而且由于该服务专注于某个边界之内，因此可以很好地避免由于代码库过大衍生出的很多相关问题。

经常有人问我：代码库多小才算小？使用代码行数来衡量是有问题的，因为有些语言的表达力更好，能够使用很少的代码完成相同的功能。还有一个需要考虑的因素是，一个服务的代码可能有多个依赖项，而每个依赖项又会包含很多代码。此外，一个不可避免的事情是你的领域对象本身很复杂，所以需要更多的代码。澳大利亚 RealEstate.com.au 的 Jon Eaves 认为，一个微服务应该可以在两周内完全重写，这个经验法则在他所处的特定上下文中是有效的。

我可以给出的另一个比较老套的答案是：足够小即可，不要过小。当我在会议上做演讲的时候，几乎每次都会问听众：谁认为自己的系统太大了，想把它拆成更小的。几乎所有人都会举手。看起来大家都能够意识到什么是"过大"，那么换句话说，如果你不再感觉你的代码库过大，可能它就足够小了。

另外一个帮助你回答服务应该多小的关键因素是，该服务是否能够很好地与团队结构相匹配。如果代码库过大，一个小团队无法正常维护，那么很显然应该将其拆成小的。在后面关于组织匹配度的部分会对该话题做更多讨论。

当考虑多小才足够小的时候，我会考虑这些因素：服务越小，微服务架构的优点和缺点也就越明显。使用的服务越小，独立性带来的好处就越多。但是管理大量服务也会越复杂，

本书的剩余部分会详细讨论这一复杂性。如果你能够更好地处理这一复杂性，那么就可以尽情地使用较小的服务了。

1.1.2　自治性

一个微服务就是一个独立的实体。它可以独立地部署在 PAAS（Platform As A Service，平台即服务）上，也可以作为一个操作系统进程存在。我们要尽量避免把多个服务部署到同一台机器上，尽管现如今机器的概念已经非常模糊了！后面会讨论到，尽管这种隔离性会引发一些代价，但它能够大大简化分布式系统的构建，而且有很多新技术可以帮助解决这种部署模型带来的问题。

服务之间均通过网络调用进行通信，从而加强了服务之间的隔离性，避免紧耦合。

这些服务应该可以彼此间独立进行修改，并且某一个服务的部署不应该引起该服务消费方的变动。对于一个服务来说，我们需要考虑的是什么应该暴露，什么应该隐藏。如果暴露得过多，那么服务消费方会与该服务的内部实现产生耦合。这会使得服务和消费方之间产生额外的协调工作，从而降低服务的自治性。

服务会暴露出 API（Application Programming Interface，应用编程接口），然后服务之间通过这些 API 进行通信。API 的实现技术应该避免与消费方耦合，这就意味着应该选择与具体技术不相关的 API 实现方式，以保证技术的选择不被限制。本书后面会讨论选择好的解耦性 API 的重要性。

如果系统没有很好地解耦，那么一旦出现问题，所有的功能都将不可用。有一个黄金法则是：你是否能够修改一个服务并对其进行部署，而不影响其他任何服务？如果答案是否定的，那么本书剩余部分讨论的那些好处对你来说就没什么意义了。

为了达到解耦的目的，你需要正确地建模服务和 API。后面会针对这个话题做更多讨论。

1.2　主要好处

微服务有很多好处，其中很多好处分布式系统也有，但微服务要更胜一筹，这取决于微服务能在多大程度上吸纳分布式系统和面向服务的架构背后的概念。

1.2.1　技术异构性

在一个由多个服务相互协作的系统中，可以在不同的服务中使用最适合该服务的技术。尝试使用一种适合所有场景的标准化技术，会使得所有的场景都无法得到很好的支持。

如果系统中的一部分需要做性能提升，可以使用性能更好的技术栈重新构建该部分。系统中的不同部分也可使用不同的数据存储技术，比如对于社交网络来说，图数据库能够更好地处理用户之间的交互操作，但是对于用户发布的帖子而言，文档数据库可能是一个更好的选择。图 1-1 展示了该异构架构。

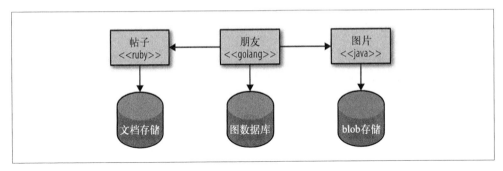

图 1-1：微服务帮助你轻松地采用不同的技术

微服务可以帮助我们更快地采用新技术，并且理解这些新技术的好处。尝试新技术通常伴随着风险，这使得很多人望而却步。尤其是对于单块系统而言，采用一个新的语言、数据库或者框架都会对整个系统产生巨大的影响。对于微服务系统而言，总会存在一些地方让我可以尝试新技术。你可以选择一个风险最小的服务来采用新技术，即便出现问题也容易处理。这种可以快速采用新技术的能力对很多组织而言是非常有价值的。

不过为了同时使用多种技术，也需要付出一些代价。有些组织会限制语言的选择，比如Netflix 和 Twitter 选用的技术大多基于 JVM（Java Virtual Machine，Java 虚拟机），因为他们非常了解该平台的稳定性和性能。他们还在 JVM 上开发了一些库和工具，使得大规模运维变得更加容易，但这同时也使得我们更难以采用 Java 外的其他技术来编写服务和客户端。尽管如此，Twitter 和 Netflix 也并非只使用一种技术栈。另一个会影响多技术栈选用的因素是服务的大小，如果你真的可以在两周内重写一个服务，那么尝试使用新技术的风险就降低了不少。

贯穿本书的一个问题是，微服务如何寻找平衡。第 2 章我们会讨论如何做技术选择，其中主要专注于演进式架构；第 4 章主要关注集成，你将学会如何避免服务之间的过度耦合，从而可以使其彼此独立地进行技术演化。

1.2.2 弹性

弹性工程学的一个关键概念是舱壁。如果系统中的一个组件不可用了，但并没有导致级联故障，那么系统的其他部分还可以正常运行。服务边界就是一个很显然的舱壁。在单块系统中，如果服务不可用，那么所有的功能都会不可用。对于单块服务的系统而言，可以通过将同样的实例运行在不同的机器上来降低功能完全不可用的概率，然而微服务系统本身就能够很好地处理服务不可用和功能降级问题。

微服务系统可以改进弹性，但你还是需要谨慎对待，因为一旦使用了分布式系统，网络就会是个问题。不但网络会是个问题，机器也如此，因此我们需要了解出现问题时应该如何对用户进行展示。

第 11 章会就弹性处理和对故障模式的处理做更多讨论。

1.2.3　扩展

庞大的单块服务只能作为一个整体进行扩展。即使系统中只有一小部分存在性能问题，也需要对整个服务进行扩展。如果使用较小的多个服务，则可以只对需要扩展的服务进行扩展，这样就可以把那些不需要扩展的服务运行在更小的、性能稍差的硬件上，如图1-2 所示。

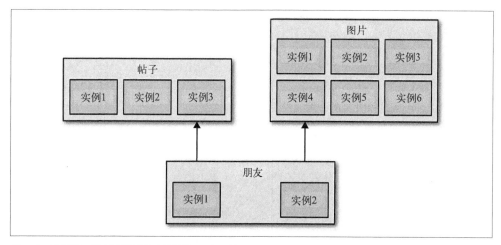

图 1-2：可以针对那些需要扩展的微服务进行扩展

Gilt 是一个在线时尚零售商，他们就是因为这个原因而采用了微服务。2007 年，他们还是一个单一的 Rails 应用，2009 年，Gilt 的系统无法解决其负载。通过将系统的核心部分抽离出来之后，Gilt 在流量处理方面有了大大的改进。如今 Gilt 有 450 多个微服务，每一个服务都分别运行在多台机器上。

在使用类似 Amazon 云服务之类的平台时，也可以只对需要的服务进行扩展，从而节省成本。通过架构来节省成本的情形还真是不多见。

1.2.4　简化部署

在有几百万代码行的单块应用程序中，即使只修改了一行代码，也需要重新部署整个应用程序才能够发布该变更。这种部署的影响很大、风险很高，因此相关干系人不敢轻易做部署。于是在实际操作中，部署的频率就会变得很低。这意味着在两次发布之间我们对软件做了很多功能增强，但直到最后一刻才把这些大量的变更一次性发布到生产环境中。这时，另外一个问题就显现出来了：两次发布之间的差异越大，出错的可能性就更大！

在微服务架构中，各个服务的部署是独立的，这样就可以更快地对特定部分的代码进行部署。如果真的出了问题，也只会影响一个服务，并且容易快速回滚，这也意味着客户可以更快地使用我们开发的新功能。Amazon 和 Netflix 等组织采用这种架构主要就是基于上述考虑。这种架构很好地清除了软件发布过程中的种种障碍。

微服务部署领域的技术在过去几年时间里发生了巨大的变化，第 6 章会对该话题做更深入的讨论。

1.2.5　与组织结构相匹配

我们经历过太多由于团队和代码库过大引起问题的情况。当团队是分布式的时候，问题会更明显。我们也知道在小型代码库上工作的小团队更加高效。

微服务架构可以很好地将架构与组织结构相匹配，避免出现过大的代码库，从而获得理想的团队大小及生产力。服务的所有权也可以在团队之间迁移，从而避免异地团队的出现。在第 10 章讲解康威定律时会对该话题做更深入的讨论。

1.2.6　可组合性

分布式系统和面向服务架构声称的主要好处是易于重用已有功能。而在微服务架构中，根据不同的目的，人们可以通过不同的方式使用同一个功能，在考虑客户如何使用该软件时这一点尤其重要。单纯考虑桌面网站或者移动应用程序的时代已经过去了。现在我们需要考虑的应用程序种类包括 Web、原生应用、移动端 Web、平板应用及可穿戴设备等，针对每一种都应该考虑如何对已有功能进行组合来实现这些应用。现在很多组织都在做整体考虑，拓展他们与客户交互的渠道，同时也需要相应地调整架构来辅助这种变化的发生。

在微服务架构中，系统会开放很多接口供外部使用。当情况发生改变时，可以使用不同的方式构建应用，而整体化应用程序只能提供一个非常粗粒度的接口供外部使用。如果想要得到更有用的细化信息，你需要使用榔头撬开它！第 5 章会讨论如何将已有的单块应用程序分解成为多个微服务，并且达到可重用、可组合的目的。

1.2.7　对可替代性的优化

如果你在一个大中型组织工作，很可能接触过一些庞大而丑陋的遗留系统。这些系统无人敢碰，却对公司业务的运营至关重要。更糟糕的是，这些程序是使用某种奇怪的 Fortran 变体编写的，并且只能运行在 25 年前就应该被淘汰的硬件上。为什么这些系统直到现在还没有被取代？其实你很清楚答案：工作量很大，而且风险很高。

当使用多个小规模服务时，重新实现某一个服务或者是直接删除该服务都是相对可操作的。想想看，在单块系统中你是否会在一天内删掉上百行代码，并且确信不会引发问题？微服务中的多个服务大小相似，所以重写或移除一个或者多个服务的阻碍也很小。

使用微服务架构的团队可以在需要时轻易地重写服务，或者删除不再使用的服务。当一个代码库只有几百行时，人们也不会对它有太多感情上的依赖，所以很容易替换它。

1.3 面向服务的架构

SOA（Service-Oriented Architecture，面向服务的架构）是一种设计方法，其中包含多个服务，而服务之间通过配合最终会提供一系列功能。一个服务通常以独立的形式存在于操作系统进程中。服务之间通过网络调用，而非采用进程内调用的方式进行通信。

人们逐渐认识到 SOA 可以用来应对臃肿的单块应用程序，从而提高软件的可重用性，比如多个终端用户应用程序可以共享同一个服务。它的目标是在不影响其他任何人的情况下透明地替换一个服务，只要替换之后的服务的外部接口没有太大的变化即可。这种性质能够大大简化软件维护甚至是软件重写的过程。

SOA 本身是一个很好的想法，但尽管做了很多尝试，人们还是无法在如何做好 SOA 这件事情上达成共识。在我看来，业界的大部分尝试都没能把它作为一个整体来看待，因此很难给出一个比该领域现有厂商提供的方案更好的替代方案。

实施 SOA 时会遇到这些问题：通信协议（例如 SOAP）如何选择、第三方中间件如何选择、服务粒度如何确定等，目前也存在一些关于如何划分系统的指导性原则，但其中有很多都是错误的。本书的剩余部分会分别讨论这些问题。一些激进人士可能会认为这些厂商提出并推动 SOA 运动的目的不过就是想要卖更多的产品，而这些相似的产品最终破坏了SOA 的目标。

现有的 SOA 知识并不能帮助你把很大的应用程序划小。它没有提到多大算大，也没有讨论如何在现实世界中有效地防止服务之间的过度耦合。由于这些点没有说清楚，所以你在实施 SOA 时会遇到很多问题。

在现实世界中，由于我们对项目的系统和架构有着更好的理解，所以能够更好地实施SOA，而这事实上就是微服务架构。就像认为 XP 或者 Scrum 是敏捷软件开发的一种特定方法一样，你也可以认为微服务架构是 SOA 的一种特定方法。

1.4 其他分解技术

当你开始使用微服务时会发现，很多基于微服务的架构主要有两个优势：首先它具有较小的粒度，其次它能够在解决问题的方法上给予你更多的选择。那么其他的分解技术是否也有相应的好处呢？

1.4.1 共享库

基本上所有的语言都支持将整个代码库分解成为多个库，这是一种非常标准的分解技术。这些库可以由第三方或者自己的组织提供。

不同的团队和服务可以通过库的形式共享功能。比如说，我可能会创建一系列有用的集合操作类工具，或者一个可以重用的统计库。

团队可以围绕库来进行组织，而库本身可以被重用。但是这种方式存在一些缺点。

首先，你无法选择异构的技术。一般来讲，这些库只能在同一种语言中，或者至少在同一个平台上使用。其次，你会失去独立地对系统某一部分进行扩展的能力。再次，除非你使用的是动态链接库，否则每次当库有更新的时候，都需要重新部署整个进程，以至于无法独立地部署变更。而最糟糕的影响可能是你会缺乏一个比较明显的接口来建立架构的安全性保护措施，从而无法确保系统的弹性。

共享库确实有其相应的应用场景。有时候你会编写代码来执行一些公共任务，这些代码并不属于任何一个业务领域，并且可以在整个组织中进行重用，很显然这些代码就应该成为可重用的库。但是你还是需要很小心，如果使用共享代码来做服务之间的通信的话，那么它会成为一个耦合点。第 4 章会再讨论该问题。

服务之间可以并且应该大量使用第三方库来重用公共代码，但有时候效果不太好。

1.4.2 模块

除了简单的库之外，有些语言提供了自己的模块分解技术。它们允许对模块进行生命周期管理，这样就可以把模块部署到运行的进程中，并且可以在不停止整个进程的前提下对某个模块进行修改。

作为一个与具体技术相关的模块分解技术，OSGI（Open Source Gateway Initiative，开放服务网关协议）值得一提。Java 本身并没有真正的模块概念，至少要到 Java 9 才能看到这个特性加入到语言中。OSGI 最初是 Eclipse Java IDE 使用的一种安装插件的方式，而现在很多项目都在使用库来对 Java 程序进行模块化。

OSGI 的问题在于它非常强调诸如模块生命周期管理之类的事情，但语言本身对此并没有足够的支持，这就迫使模块的作者做更多的工作来对模块进行适当的隔离。在一个进程内也很容易使模块之间过度耦合，从而引起各种各样的问题。我个人对 OSGI 的经验是，它带来的复杂度要远远大于它带来的好处，即使对于很优秀的团队来说也是不可避免。业界的其他同事也多有类似的看法。

Erlang 采用了不同的方式，模块的概念内嵌在 Erlang 语言的运行时中，因此这种模块化分解的方式是很成熟的。你可以对 Erlang 的模块进行停止、重启或者升级等操作，且不会引起任何问题。Erlang 甚至支持同时运行同一个模块的多个版本，从而可以支持更加优雅的模块升级。

Erlang 的模块化能力确实非常惊人，但是即使我们非常幸运地能够使用具有这种能力的平台，还是会存在与使用共享库类似的缺点，即它会大大限制我们采用新技术和独立对服务进行扩展的能力，并且有可能会导致使用过度耦合的集成技术，同时也会缺乏相应的接缝来进行架构的安全性保护。

还有一个值得注意的事情是：尽管在一个单块进程中创建隔离性很好的模块是可能的，但是我很少见到真正有人能做到。这些模块会迅速和其他代码耦合在一起，从而失去意义。而进程边界的存在则能够有效地避免这种情况的发生（至少很难犯错误）。尽管我不认为这是使用进程隔离的主要原因，但是事实上确实很少有人能够在同一个进程内部做到很好的模块隔离。

除了把系统划分为不同的服务之外，你可能也想要在一个进程内部使用模块进行划分，但是仅仅使用模块划分不能解决所有的问题。如果你只使用 Erlang，可能会花很长时间才能把 Erlang 的模块化做好，但是我怀疑大部分人不会这么做。对于剩下的人来说，模块能够提供的好处与共享库比较类似。

1.5 没有银弹

在本章结束之前，我想强调一点：微服务不是免费的午餐，更不是银弹，如果你想要得到一条通用准则，那么微服务是一个错误的选择。你需要面对所有分布式系统需要面对的复杂性。尽管后面用很多的篇幅来讲解如何管理分布式系统，但它仍然是一个很难的问题。如果你过去的经验更多的是关于单块系统，那么为了得到上述那些微服务的好处，你需要在部署、测试和监控等方面做很多的工作。你还需要考虑如何扩展系统，并且保证它们的弹性。如果你发现，还需要处理类似分布式事务或者与 CAP 相关的问题，也不要感到惊讶！

每个公司、组织及系统都不一样。微服务是否适合你，或者说你能够在多大程度上采用微服务，取决于很多因素。在本书的剩余章节中我会试图给出一些指导，指出一些常见的陷阱，从而帮助你制定出清晰的演化路线。

1.6　小结

希望到目前为止你已经了解了什么是微服务、微服务与其他组合技术有何不同，以及它能够带来的主要好处又是什么。在后面的章节中，我会详细讨论如何得到这些好处及如何避免一些常见的陷阱。

需要介绍的内容很多，但要从一个合适的点开始。架构师承担了驱动系统演化的职责，而引入微服务之后的一个主要挑战就是，架构师职责的相应变化。下一章会讲到有哪些方法可以保证我们从这个新架构中获益。

第 2 章

演化式架构师

目前为止可以看到，微服务给我们提供了很多选择，因此也需要我们做很多决定。比如应该使用多少种不同的技术，不同的团队是否应使用不同的编程规范，是应该合并多个服务还是把一个服务拆成多个。我们应该如何做决定呢？这些架构支持在频繁变换的环境下以更快的节奏进行变化，因此架构师这个角色也需要做相应的改变。本章关于架构师职责的观点是我的个人见解，希望能对象牙塔中的定义发起最后的攻击。

2.1 不准确的比较

> "你总提及的那个词，它的含义与你想表达的意思并不一样。"
>
> ——Inigo Montoya，电影《公主新娘》中的人物

架构师的一个重要职责是，确保团队有共同的技术愿景，以帮助我们向客户交付他们想要的系统。在某些场景下，架构师只需要和一个团队一起工作，这时他们等同于技术引领者。在其他情况下，他们要对整个项目的技术愿景负责，通常需要协调多个团队之间，甚至是整个组织内的工作。不管处于哪个层次，架构师这个角色都很微妙。在一般的组织中，非常出色的开发人员才能成为架构师，但通常会比其他角色招致更多的批评。相比其他角色而言，架构师对多个方面都有更加直接的影响，比如所构建系统的质量、同事的工作条件、组织应对变化的能力等。这个角色也很难做好，原因何在呢？

很多时候人们似乎忘了，我们的行业还很年轻。我们编写的程序在计算机上运行，而计算机从出现到现在也只有 70 年左右而已，因此我们需要在现存的行业中不断地寻找，帮助别人理解我们到底是做什么的。我们不是医生或者医学工程师，也不是水管工或者电工。

我们处于这些行业的中间地带，因此社会很难理解我们，我们也不清楚自己到底处于什么位置。

所以我们尝试借鉴其他的行业。我们把自己称作软件"工程师"或者"建筑师"[1]，但其实我们不是，对吧？建筑师和工程师所具备的精确性和纪律性是遥不可及的，而且他们在社会中的重要性也很容易理解。我的一个朋友在成为认证建筑师的前一天说："如果明天我在酒吧对于如何盖房子给了你错误的建议，那么我要为此负责。从法律的角度来说，因为我是一个认证建筑师，所以做错了很可能会被起诉。"他们在社会中有非常重要的作用，因此需要经过专门认证才能工作。比如，在英国你至少需要学习七年才能成为一名建筑师。这些职业在几千年前就存在了，而我们呢？相差甚远。这也就是为什么我觉得很多形式的IT证书都没价值，因为我们对什么是好的知之甚少。

有些人想要得到社会的认可，所以借鉴了这些已经被大众认知的行业中的名词，但这样可能会造成两个问题。首先，这么做的前提是我们要清楚自己应该干什么，而多数情况下事实并非如此。并不是说建筑和桥梁就一定不会倒塌，而是它们倒塌的次数要比我们程序崩溃的次数少得多，所以跟工程师相类比是不公平的。其次，经过一些粗略的观察就会发现这种类比是站不住脚的。因为如果桥梁建筑和编程类似的话，那么建到一半的时候你可能会发现对岸比预想的要远50米，而且其材质是花岗岩而不是泥土，更糟糕的是我们最终想要的是一座公路桥而不是步行桥。软件并没有类似这种真正的工程师和建筑师在物理规则方面的约束，事实上，我们要创造的东西从设计上来说就是要足够灵活，有很好的适应性，并且能够根据用户的需求进行演化。

也许"建筑师"这个术语是很有问题的。建筑师的工作是做好详细的计划，然后让别人去理解和执行。进行这项工作需要对艺术性和工程性进行权衡，并且对整体进行监督，而其他所有的视角都要屈从于建筑师的视角，当然有时候他们也会考虑结构工程师基于物理规则的一些建议。在我们的行业中，这种建筑师的视角会导致一些非常糟糕的实践。人们试图通过大量的图表和文档创建出一个完美的方案，而忽略了很多基础性的未知因素。使用这种方式会导致人们很难真正理解实现起来的难度，甚至不知道这个设计到底能否奏效，想要对系统了解更多之后再对设计进行修改就更不可能了。

当我们把自己和工程师或者建筑师做比较时，很有可能会做出错误的决定。不幸的是，架构师这个词已经被大众接受了，所以现在我们能够做的事情就是在上下文中去重新定义这个词的含义。

2.2 架构师的演化视角

与建造建筑物相比，在软件中我们会面临大量的需求变更，使用的工具和技术也具有多样

注1："建筑师"和"架构师"在英文中都是 architect，而"架构师"这个词的含义借鉴的是建筑师在建筑中的角色，接下来会在不同的上下文中分别使用"建筑师"和"架构师"两种译法。——译者注

性。我们创造的东西并不是在某个时间点之后就不再变化了，甚至在发布到生产环境之后，软件还能继续演化。对于我们创造的大多数产品来说，交付到客户手里之后，还是要响应客户的变更需求，而不是简单地交给客户一个一成不变的软件包。因此架构师必须改变那种从一开始就要设计出完美产品的想法，相反我们应该设计出一个合理的框架，在这个框架下可以慢慢演化出正确的系统，并且一旦我们学到了更多知识，应该可以很容易地应用到系统中。

尽管截止到目前，本章都在警告你不要跟其他行业做过多的比较，但是我发现，有一个角色可以更好地跟 IT 架构师相类比。这个想法是 Erik Doernenburg 告诉我的，他认为更好的类比是城市规划师，而不是建筑师。如果你玩过 SimCity，那么你应该很熟悉城市规划师这个角色。城市规划师的职责是优化城镇布局，使其更易于现有居民生活，同时也会考虑一些未来的因素。为了达到这个目的，他需要收集各种各样的信息。规划师影响城市演化的方法很有趣，他不会直接说"在那个地方盖一栋这样的楼"，相反他会对城市进行分区。就像在 SimCity 中一样，你可能会把城市的某一部分规划成为工业区，另外一部分规划成为居民区，然后其他人会自己决定具体要盖什么建筑物。当然这个决定会受到一定的约束，比如工厂一定要盖在工业区。城市规划师更多考虑的是人和公共设施如何从一个区域移到另一个区域，而不是具体在每个区域中发生的事情。

很多人把城市比作生物，因为城市会时不时地发生变化。当居民对城市的使用方式有所变化，或者受到外力的影响时，城市就会相应地演化。城市规划师应该尽量去预期可能发生的变化，但是也需要明白一个事实：尝试直接对各个方面进行控制往往不会奏效。

上面描述的城镇和软件的对应关系应该是很明显的。当用户对软件提出变更需求时，我们需要对其进行响应并做出相应的改变。未来的变化很难预见，所以与其对所有变化的可能性进行预测，不如做一个允许变化的计划。为此，应该避免对所有事情做出过于详尽的设计。城市这个系统应该让生活在其中的住户感到开心。有一件经常被人们忽略的事情是：系统的使用者不仅仅是终端用户，还有工作在其上的开发人员和运维人员，他们也对系统的需求变更负责。借鉴 Frank Buschmann 的一个说法：架构师的职责之一就是保证该系统适合开发人员在其上工作。

城市规划师就像建筑师一样，需要知道什么时候他的计划没有得到执行。尽管他会引入较少的规范，并尽量少地对发展的方向进行纠正，但是如果有人决定要在住宅区建造一个污水池，他应该能制止。

所以我们的架构师应该像城市规划师那样专注在大方向上，只在很有限的情况下参与到非常具体的细节实现中来。他们需要保证系统不但能够满足当前的需求，还能够应对将来的变化。而且他们还应该保证在这个系统上工作的开发人员要和使用这个系统的用户一样开心。听起来这是很高的标准，那么从哪里开始呢？

2.3　分区

前面我们将架构师比作城市规划师，那么在这个比喻里面，区域的概念对应的是什么呢？它们应该是我们的服务边界，或者是一些粗粒度的服务群组。作为架构师，不应该过多关注每个区域内发生的事情，而应该多关注区域之间的事情。这意味着我们应该考虑不同的服务之间如何交互，或者说保证我们能够对整个系统的健康状态进行监控。至于多大程度地介入区域内部事务，在不同的情况下则有所不同。很多组织采用微服务是为了使团队的自治性最大化，第 10 章会对这个话题做更多讨论。如果你就处在这样的组织中，那么你会更多地依靠团队来做出正确的局部决定。

但是在区域之间，或者说传统架构图中的框图之间，我们需要非常小心，因为在这些地方犯的错误会很难纠正。

每一个服务内部可以允许团队自己选择不同的技术栈或者数据存储技术，当然其他的问题也需要考虑。但是事实上也不会无限制地允许团队选择任意技术栈，比如如果需要支持 10 种不同的技术栈的话，可能会在招聘上遇到困难，或者很难在不同团队之间交换人员。类似地，如果每个团队自己选择完全不同的存储技术，可能你会发现自己对它们都不够熟悉。举个例子，Netflix 在 Cassandra 这种存储技术上有非常成熟的使用规范，并认为相比对特定的任务使用最合适的技术而言，围绕 Cassandra 来构建相关的工具和培养专家更重要。Netflix 是一个很极端的例子，他们认为可伸缩性是最重要的因素，但是通过这个例子你可以有自己的理解。

然而，服务之间的事情可能会变得很糟糕。如果一个服务决定通过 HTTP 暴露 REST 接口，另一个用的是 protocol buffers，第三个用的是 Java RMI，那么作为一个服务的消费者就需要支持各种形式的交互，这对于消费者来说简直就是噩梦。这也就是为什么我强调我们应该"担心服务之间的交互，而不需要过于关注各个服务内部发生的事情"。

代码架构师

如果想确保我们创造的系统对开发人员足够友好，那么架构师需要理解他们的决定对系统会造成怎样的影响。最低的要求是：架构师需要花时间和团队在一起工作，理想情况下他们应该一起进行编码。对于实施结对编程的团队来说，架构师很容易花一定的时间和团队成员进行结对。理想情况下，你应该参与普通的工作，这样才能真正理解普通的工作是什么样子。架构师和团队真正坐在一起，这件事情再怎么强调也不过分！相比通过电话进行沟通或者只看看团队的代码，一起和团队工作的这种方式会更加有效。至于和团队在一起工作的频率可以取决于团队的大小，关键是它必须成为日常工作的一部分。如果你和四个团队在一起工作，那么每四周和每个团队都工作半天，可以帮助你有效地和团队进行沟通，并了解他们都在做什么。

2.4　一个原则性的方法

> "规则对于智者来说是指导，对于愚蠢者来说是遵从。"
>
> ——一般认为出自 Douglas Bader

做系统设计方面的决定通常都是在做取舍，而在微服务架构中，你要做很多取舍！当选择一个数据存储技术时，你会选择不太熟悉但能够带来更好可伸缩性的技术吗？在系统中存在两种技术栈是否可接受？那三种呢？做某些决策所需要的信息很容易获取，这些还算是容易的。但是有些决策所需要的信息难以完全获取，那又该怎么办呢？

基于要达到的目标去定义一些原则和实践对做设计来说非常有好处。接下来让我们对它们做一些讨论。

2.4.1　战略目标

做一名架构师已经很困难了，但幸运的是，通常我们不需要定义战略目标！战略目标关心的是公司的走向以及如何才能让自己的客户满意。这些战略目标的层次一般都很高，但通常不会涉及技术这个层面，一般只在公司或者部门层面制定。这些目标可以是"开拓东南亚的新市场"或者"让用户尽量使用自助服务"。因为这些都是你的组织前进的方向，所以需要确保技术层面的选择能够与之一致。

如果你是制定公司技术愿景的人，那么你可能需要花费更多的时间和组织内非技术的部分（通常他们被叫作业务部门）进行交互。那么业务部门的愿景是什么？它又会如何发生改变呢？

2.4.2　原则

为了和更大的目标保持一致，我们会制定一些具体的规则，并称之为原则，它不是一成不变的。举个例子，如果组织的一个战略目标是缩短新功能上线的周期，那么一个可能的原则是，交付团队应该对整个软件生命周期有完全的控制权，这样他们就可以及时交付任何就绪的功能，而不受其他团队的限制。如果组织的另一个目标是在其他国家快速增长业务，你需要使用的原则可能就是，整个系统必须能够方便地部署到相应的国家，从而符合该国家对数据存储地理位置方面的要求。

很有可能这些原则并不适合你的组织。一般来讲，原则最好不要超过 10 个，或者能够写在一张海报上，不然大家会很难记住。而且原则越多，它们发生重叠和冲突的可能性就越大。

Heroku 的 12 Factors 就是一组能够帮助你在 Heroku 平台上创建应用的设计原则，当然它们在其他的上下文中可能也有用。其中，有些原则实际上是为了让你的应用程序可以适应

Heroku 这个平台而引入的约束。约束是很难（或者说不可能）改变的，但原则也是我们自己决定的。你应该显式地指出哪些是原则，哪些是约束，这样用户就会很清楚哪些是不能变的。从个人角度来讲，我认为把原则和约束放在同一个列表中是有好处的，这样我们就可以不时地回顾一下这些约束是否真的不可改变。

2.4.3　实践

我们通过相应的实践来保证原则能够得到实施，这些实践能够指导我们如何完成任务。通常这些实践是技术相关的，而且是比较底层的，所以任何一个开发人员都能够理解。这些实践包括代码规范、日志数据集中捕获或者 HTTP/REST 作为标准集成风格等。由于实践比较偏技术层面，所以其改变的频率会高于原则。

就像原则那样，有时候实践也会反映出组织内的一些限制。比如，如果你只支持 CentOS，那么相应的实践就应该考虑这个因素。

实践应该巩固原则。比如前面我们提过一个原则是开发团队应该可以对软件开发全流程有控制权，相应的实践就是所有的服务都部署在不同的 AWS 账户中，从而可以提供资源的自助管理和与其他团队的隔离。

2.4.4　将原则和实践相结合

有些东西对一些人来说是原则，对另一些人来说则可能是实践。比如，你可能会把使用 HTTP/REST 作为原则，而不是实践。这也没什么问题，关键是要有一些重要的原则来指导系统的演化，同时也要有一些细节来指导如何实现这些原则。对于一个足够小的群组，比如单个团队来说，将原则和实践进行结合是没问题的。但是在一个大型组织中，技术和工作实践可能不一样，在不同的地方需要的实践可能也不同。不过这也没关系，只要它们都能够映射到相同的原则即可。比如一个 .NET 团队可能有一套实践，一个 Java 团队有另一套实践，但背后的原则是相同的。

2.4.5　真实世界的例子

我的同事 Evan Bottcher 帮一个客户画出了如图 2-1 所示的图表。该图很清楚地显示了目标、原则和实践之间的相互影响。几年间，实践改动得很频繁，而原则基本上没怎么变。可以把这样一个图表打印出来并共享给相关人员，其中每个条目都很简单，所以开发人员应该很容易记住它们。尽管每条实践背后还有很多细节，但仅仅能把它们总结表述出来也是非常有用的。

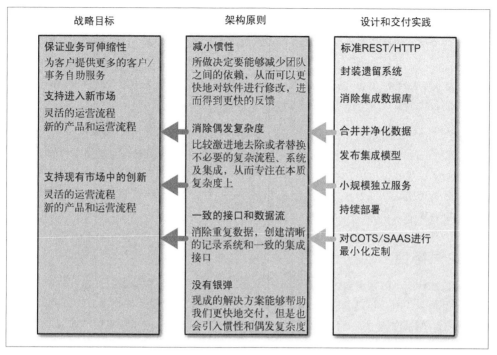

战略目标	架构原则	设计和交付实践

保证业务可伸缩性
为客户提供更多的客户/
事务自助服务
支持进入新市场
灵活的运营流程
新的产品和运营流程

支持现有市场中的创新
灵活的运营流程
新的产品和运营流程

减小惯性
所做决定要能够减少团队
之间的依赖，从而可以更
快地对软件进行修改，进
而得到更快的反馈

消除偶发复杂度
比较激进地去除或者替换
不必要的复杂流程、系统
及集成，从而专注在本质
复杂度上

一致的接口和数据流
消除重复数据，创建清晰
的记录系统和一致的集成
接口

没有银弹
现成的解决方案能够帮助
我们更快地交付，但是也
会引入惯性和偶发复杂度

标准REST/HTTP

封装遗留系统

消除集成数据库

合并并净化数据

发布集成模型

小规模独立服务

持续部署

对COTS/SAAS进行
最小化定制

图 2-1：原则和实践的真实例子

上面提到的一些项可以使用文档来支撑，但大多数情况下我喜欢给出一些示例代码供人阅读、研究和运行，从而传递上面涉及的那些信息。更好的方式是，创造一些工具来保证我们所做事情的正确性。后面马上就会对这个话题做深入的讨论。

2.5　要求的标准

当你浏览这些实践，并思考你需要做的取舍时，需要注意一个很重要的因素：系统允许多少可变性。我们需要识别出各个服务需要遵守的通用规则，一种方法是，给出一个好服务的例子来阐释好服务的特点。在系统中什么是好服务"公民"呢？它需要有什么样的能力才能保证整个系统是可控的，并且一个有问题的服务不会导致整个系统瘫痪？这些问题很难回答，因为就像人一样，在某种上下文中是一个好公民不代表在其他上下文中也是，但我们还是可以观察到各个服务中一些通用的优秀实践。一些关键领域有太多的变化方向，而这可能会导致很多问题。就像 Netflix 的 Ben Christensen 说的那样，当我们在考虑一个更大的全景图时，"系统应该由很多小的但有自治生命周期的组件构成，而且这些组件之间有着紧密的关联"。所以在优化单个服务自治性的同时，也要兼顾全局。一种能帮助我们实现平衡的方法就是，清楚地定义出一个好服务应有的属性。

2.5.1　监控

能够清晰地描绘出跨服务系统的健康状态非常关键。这必须在系统级别而非单个服务级别进行考虑。在第 8 章会讲到，往往在需要诊断一个跨服务的问题或者想要了解更大的趋势时，你才需要知道每个服务的健康状态。简单起见，我建议确保所有的服务使用同样的方式报告健康状态及其与监控相关的数据。

你可能会选择使用推送机制，也就是说，每个服务主动把数据推送到某个集中的位置。你可以使用 Graphite 来收集指标数据，使用 Nagios 来检测健康状态，或者使用轮询系统来从各个节点收集数据，但无论你的选择是什么，都应尽量保持标准化。每个服务内的技术应该对外不透明，并且不要为了服务的具体实现而改变监控系统。日志功能和监控情况类似：也需要集中式管理。

2.5.2　接口

选用少数几种明确的接口技术有助于新消费者的集成。使用一种标准方式很好，两种也不太坏，但是 20 种不同的集成技术就太糟糕了。这里说的不仅仅是关于接口的技术和协议。举个例子，如果你选用了 HTTP/REST，在 URL 中你会使用动词还是名词？你会如何处理资源的分页？你会如何处理不同版本的 API？

2.5.3　架构安全性

一个运行异常的服务可能会毁了整个系统，而这种后果是我们无法承担的，所以，必须保证每个服务都可以应对下游服务的错误请求。没有很好处理下游错误请求的服务越多，我们的系统就会越脆弱。你可以至少让每个下游服务使用它们自己的连接池，进一步让每个服务使用一个断路器。在第 11 章中讨论规模化微服务时，会就这个话题做更深入的讨论。

返回码也应该遵守一定的规则。如果你的断路器依赖于 HTTP 返回码，并且一个服务决定使用 2XX 作为错误码，或者把 4XX 和 5XX 混用，那么这种安全措施就没什么意义了。即使你使用的不是 HTTP，也应该注意类似的问题。对以下几种请求做不同的处理可以帮助系统及时失败，并且也很容易追溯问题：（1）正常并且被正确处理的请求；（2）错误请求，并且服务识别出了它是错误的，但什么也没做；（3）被访问的服务宕机了，所以无法判断请求是否正常。如果我们的服务没有很好地遵守这些规则，那么整个系统就会更加脆弱。

2.6　代码治理

聚在一起，就如何做事情达成共识是一个好主意。但是，花时间保证人们按照这个共识来做事情就没那么有趣了，因为在各个服务中使用这些标准做法会成为开发人员的负担。我坚信应该使用简单的方式把事情做对。我见过的比较奏效的两种方式是，提供范例和服务代码模板。

2.6.1 范例

编写文档是有用的。我很清楚这样做的价值，这也正是我写这本书的原因。但是开发人员更喜欢可以查看和运行的代码。如果你有一些很好的实践希望别人采纳，那么给出一系列的代码范例会很有帮助。这样做的一个初衷是：如果在系统中人们有比较好的代码范例可以模仿，那么他们也就不会错得很离谱。

理想情况下，你提供的优秀范例应该来自真实项目，而不是专门实现的一个完美的例子。因为如果你的范例来自真正运行的代码，那么就可以保证其中所体现的那些原则都是合理的。

2.6.2 裁剪服务代码模板

如果能够让所有的开发人员很容易地遵守大部分的指导原则，那就太棒了。一种可能的方式是，当开发人员想要实现一个新服务时，所有实现核心属性的那些代码都应该是现成的。

Dropwizard 和 Karyon 是两个基于 JVM 的开源微容器。它们的运行模式相似，会自动下载一系列第三方库，这些库可以提供一些特性，比如健康检查、HTTP 服务、提供指标数据接口等。这样你就有了一个可以从命令行启动的嵌入式 servlet 容器。这是一个很好的开始，但是你可以做得更多。在实际工作中，你可以使用 Dropwizard 和 Karyon 作为基础，然后根据自己的上下文加入更多的定制化特性。

举个例子，如果你想要断路器的规范化使用，那么就可以将 Hystrix 这个库集成进来。或者，你想要把所有的指标数据都发送到中心 Graphite 服务器，那么就可以使用像 Dropwizard's Metrics 这样的开源库，只需要在此基础上做一些配置，响应时间和错误率等信息就会自动被推送到某个已知的服务器上。

针对自己的开发实践裁剪出一个服务代码模板，不但可以提高开发速度，还可以保证服务的质量。

当然，如果你的组织使用多种不同的技术栈，那么针对每种技术栈都需要这样一个服务代码模板。你也可以把它当作一种在团队中巧妙地限制语言选择的方式。如果只存在基于 Java 的服务代码模板，那么选用其他技术栈就意味着开发人员需要自己做很多额外的工作。Netflix 非常在意服务的容错性，因为它们不希望一个服务停止工作造成整个系统都无法正常工作。Netflix 提供了一个基于 JVM 的库来处理这些问题。任何一个新技术栈的引入都意味着要把这部分工作重新做一遍。相对于做这些事情的代价，Netflix 更关心的是，开发这些库时可能会引入的错误。如果某个新实现的服务的容错处理机制出错，其对系统带来严重影响的风险也会增加。Netflix 使用挎斗（sidebar）服务来降低这种风险。挎斗服务会和 JVM 进行本地通信，而为了完成这种通信，该 JVM 需要使用某些特定的第三方库。

有一点需要注意的是，创建服务代码模板不是某个中心化工具的职责，也不是指导（即使是通过代码）我们应怎样工作的架构团队的职责。应该通过合作的方式定义出这些实践，所以你的团队也需要负责更新这个模板（内部开源的方式能够很好地完成这项工作）。

我也见过一个团队的士气和生产力是如何被强制使用的框架给毁掉的。基于代码重用的目的，越来越多的功能被加到一个中心化的框架中，直至把这个框架变成一个不堪重负的怪兽。如果你决定要使用一个裁剪的服务代码模板，一定要想清楚它的职责是什么。理想情况下，应该可以选择是否使用服务代码模板，但是如果你强制团队使用它，一定要确保它能够简化开发人员的工作，而不是使其复杂化。

你还需要知道，重用代码可能引入的危险。在重用代码的驱动下，我们可能会引入服务之间的耦合。有一个我接触过的组织非常担心这个问题，所以他们会手动把服务代码模板复制到各个服务中。这样做的问题是，如果核心服务代码模板升级了，那么需要花很长时间把这些升级应用到整个系统中。但相对于耦合的危险而言，这个问题倒没那么严重。还有一些我接触过的团队，把服务代码模板简单地做成了一个共享的库依赖，这时他们就要非常小心地防止对 DRY（Don't Repeat Yourself，避免重复代码）的追求导致系统过度耦合！这是一个很微妙的话题，所以第 4 章会做更深入的讨论。

2.7 技术债务

有时候可能无法完全遵守技术愿景，比如为了发布一些紧急的特性，你可能会忽略一些约束。其实这仅仅是另一个需要做的取舍而已。我们的技术愿景有其本身的道理，所以偏离了这个愿景短期可能会带来利益，但是长期来看是要付出代价的。可以使用技术债务的概念来帮助我们理解这个取舍，就像在真实世界中欠的债务需要偿还一样，累积的技术债务也是如此。

不光走捷径会引入技术债务。有时候系统的目标会发生改变，并且与现有的实现不符，这种情况也会产生技术债务。

架构师的职责就是从更高的层次出发，理解如何做权衡。理解债务的层次及其对系统的影响非常重要。对于某些组织来说，架构师应该能够提供一些温和的指导，然后让团队自行决定如何偿还这些技术债务。而其他的组织就需要更加结构化的方式，比如维护一个债务列表，并且定期回顾。

2.8　例外管理

原则和实践可以指导我们如何构建系统。那么，如果系统偏离了这些指导又会发生什么呢？有时候我们会决定针对某个规则破一次例，然后把它记录下来。如果这样的例外出现了很多次，就可以通过修改原则和实践的方式把我们的理解固化下来。举个例子，可能我们有一个实践论述应该总是使用 MySQL 做数据存储，但是后来有足够的证明表明在海量存储的场景下应使用 Cassandra，这时就可以对实践进行修改：“在大多数场景下使用 MySQL 做存储，如果是数据快速增长的场景，可以使用 Cassandra。”

在这里我觉得有必要重申一下：每个组织都是不同的。我曾经合作过的某些公司有高度自治的团队，他们也得到公司足够的信任。对于这种情况，通常原则都是很轻量级的（例外管理可能会完全消失，或者大大减少）。有些组织结构化较强，开发人员拥有较小的自由度。这种情况下，通过例外管理来保证规则的合理性就非常重要了。现实中的情况是多种多样的，但我个人非常支持使用拥有更好自治性的微服务团队，他们有更大的自由度来解决问题。如果你所在的组织对开发人员有非常多的限制，那么微服务可能并不适合你。

2.9　集中治理和领导

架构师的部分职责是治理。那么治理又是什么意思呢？ COBIT（Control Objectives for Information and Related Technology，信息和相关技术的控制目标）给出了一个很好的定义：

> 治理通过评估干系人的需求、当前情况及下一步的可能性来确保企业目标的达成，
> 通过排优先级和做决策来设定方向。对于已经达成一致的方向和目标进行监督。
>
> ——COBIT 5

在 IT 的上下文中有很多事情需要治理，而架构师会承担技术治理这部分的职责。如果说，架构师的一个职责是确保有一个技术愿景，那么治理就是要确保我们构建的系统符合这个愿景，而且在需要的时候还应对愿景进行演化。

架构师会对很多事情负责。他们需要确保有一组可以指导开发的原则，并且这些原则要与组织的战略相符。他们还需要确保，以这些原则为指导衍生出来的实践不会给开发人员带来痛苦。他们需要了解新技术，需要知道在什么时候做怎样的取舍。上述这些职责已经相当多了，但是他们还需要让同事也理解这些决定和取舍，并执行下去。对了，还有前面提到的：他们还需要花时间和团队一起工作，甚至是编码，从而了解所做的决定对团队造成了怎样的影响。

要求很高，是吗？没错。但是我坚定地认为他们不应该独自做这些事情，可以由一个治理小组来做这个工作，并确定愿景。

一般来讲，治理是一个小组活动。它可以是与一个足够小的团队进行非正式聊天，也可以是在比较大的范围内，与一个有着正式成员的小组进行结构化例会。在这些会议上，可以讨论前面提到的那些原则，有必要的话也可以对其进行修改。这个小组应该由技术专家领导，并且要有一线人员的参与。这个小组也应该负责跟踪和管理技术风险。

我很喜欢的一种模式是，由架构师领导这个小组，但是每个交付团队都有人参加。架构师负责确保该组织的正常运作，整个小组都要对治理负责。这样职责就得到了分担，并且保证有来自高层的支持。这也可以保证信息从开发团队顺畅地流入这个小组，从而保证小组做出更合理的决定。

有时候架构师可能不认同小组做的决定，这时应该怎么办？我曾经面对过这样的场景，我认为这是架构师需要面对的最富有挑战性的场景之一。事实上，大多数情况下我会认同小组的决定。我曾经尝试说服大家，但事实证明这很难做到。一个小组通常会比单个人更加聪明，而且我也不止一次被证明是错误的！如果你给一个小组权力去做决定，但在最后又忽略了这个决定，那这个小组就毫无意义可言了。有时候我也会对小组施加影响。那么我为什么这么做，我会在什么时候做，又会怎么说呢？

类比一下教小孩儿骑自行车的过程。你没法替代他们去骑车。你会看着他们摇摇晃晃地前行，但是，如果每次你看到他们要跌倒就上去扶一把，他们永远都学不会。而且无论如何，他们真正跌倒的次数会比你想象的要少！但是，如果他们马上就要驶入车流繁忙的大马路，或者附近的鸭子池塘，你就必须站出来了。类似地，作为一名架构师，你必须要在团队驶向类似鸭子池塘这样的地方时抓紧他们。还有一点要注意的是，即使你很清楚什么是对的，然后尝试去控制团队，也可能会破坏和团队的关系，并且会使团队感觉他们没有话语权。有时候按照一个你不同意的决定走下去反而是正确的，知道什么时候可以这么做，什么时候不要这么做是很困难的，但有时也很关键。

2.10　建设团队

对于一个系统技术愿景的主要负责人来说，执行愿景不仅仅等同于做技术决定，和你一起工作的那些人自然会做这些决定。对于技术领导人来说，更重要的事情是帮助你的队友成长，帮助他们理解这个愿景，并保证他们可以积极地参与到愿景的实现和调整中来。

帮助别人成长的形式有很多种，其中大部分都超出了本书的范围。微服务架构本身能够提供一种很好的形式。在单块系统中，人们为某些事情负责的机会非常有限，而在微服务架构中存在多个自治的代码库，每个代码库都有着自己独立的生命周期，这就给更多人提供了对单个服务负责的机会，而当这些人在单个服务上面得到足够锻炼之后，就可以给他们更多的责任，从而帮助他们逐步达成自己的职业目标，同时通过分担职责也可以防止某一个人的负担过重。

我坚定地相信，伟大的软件来自于伟大的人。所以如果你只担心技术问题，那么恐怕你看到的问题远远不及一半。

2.11　小结

总结一下本章，下面是我认为的一个演进式架构师应该承担的职责。

- *愿景*
  确保在系统级有一个经过充分沟通的技术愿景，这个愿景应该可以帮助你满足客户和组织的需求。

- *同理心*
  理解你所做的决定对客户和同事带来的影响。

- *合作*
  和尽量多的同事进行沟通，从而更好地对愿景进行定义、修订及执行。

- *适应性*
  确保在你的客户和组织需要的时候调整技术愿景。

- *自治性*
  在标准化和团队自治之间寻找一个正确的平衡点。

- *治理*
  确保系统按照技术愿景的要求实现。

演进式架构师应该理解，成功要靠不断地取舍来实现。总会存在一些原因需要你改变工作的方式，但是具体做哪些改变就只能依赖于自己的经验了。而僵化地固守自己的想法无疑是最糟糕的做法。

虽然本章的大部分建议对任何一个系统架构师来说都适用，但是在微服务系统中，架构师需要做更多的决定，因此，能更好地平衡这些取舍是非常关键的。

在下一章中，让我们带着对架构师全新的认识来考虑如何寻找微服务之间正确的边界。

第 3 章

如何建模服务

"对手的论证让我想到了异教徒。当别人问异教徒世界由什么支撑时，他说：'一
只乌龟。'别人再问他那乌龟又由什么支撑呢？他回答：'另一只乌龟。'"

——Joseph Barker（1854）

现在你已经知道什么是微服务了，希望你对它的主要优点也有所理解。你可能已经迫不及
待地想要实现它了，对吗？但是从何做起呢？在本章中，我们会讨论如何确定服务之间的
边界，以期最大化微服务的好处，避开它的劣势。但是，首先我们需要有一个产品作为讨
论的载体。

3.1 MusicCorp简介

讨论想法的书最好有例子作为辅助。我会尽可能跟大家分享真实的故事，但是我发现，其
实使用一个虚构的领域也挺有用的。在本书的剩余部分，我们会不断地回到这个领域来看
看微服务架构对其产生了什么样的影响。

让我们把注意力转移到前沿在线零售商 MusicCorp 上来。MusicCorp 最初是实体店经营，
但是在唱片生意跌入谷底之后，他们开始把更多的注意力放在了网上。该公司有一个网
站，他们认为现在是时候把在线业务的投入翻倍了。毕竟，iPod 只是昙花一现的东西
（Zune 明显要好得多），音乐迷们还是很希望有人能够把 CD 送上门。质量比方便更重要，
对吧？说到这儿，有一个问题我一直不太明白：人们经常提起的 Spotify 是干什么的，是
给年轻人做皮肤护理的吗？

尽管有点落后于时代了，但是 MusicCorp 还是有很大的野心。幸运的是，它认为赢得世界的方法是，保证自己很容易对应用进行修改。这正是微服务的用武之地！

3.2 什么样的服务是好服务

在 MusicCorp 的团队为了把八轨带（eight track tape）递送到所有人手中而开始辛苦工作、创建一个又一个的服务之前，让我们先缓缓，讨论一些很重要的基本原则。什么是好的服务？如果你曾经尝试过 SOA 并且失败了，大概就知道我下一步要说什么了。不过万一你没那么幸运（不幸），我希望你专注在两个重要的概念上：松耦合和高内聚。在本书的剩余部分，我们会讨论更多的实践和细节，因为如果这两点做不到，那么微服务也就没什么价值了。

这两个概念在不同的上下文中被大量使用，尤其是在面向对象编程中，所以，我们先讨论一下这两个概念在微服务中是什么含义。

3.2.1 松耦合

如果做到了服务之间的松耦合，那么修改一个服务就不需要修改另一个服务。使用微服务最重要的一点是，能够独立修改及部署单个服务而不需要修改系统的其他部分，这真的非常重要。

什么会导致紧耦合呢？一个典型的错误是，使用紧耦合的方式做服务之间的集成，从而使得一个服务的修改会致使其消费者的修改。第 4 章会进一步讨论如何避免这种问题。

一个松耦合的服务应该尽可能少地知道与之协作的那些服务的信息。这也意味着，应该限制两个服务之间不同调用形式的数量，因为除了潜在的性能问题之外，过度的通信可能会导致紧耦合。

3.2.2 高内聚

我们希望把相关的行为聚集在一起，把不相关的行为放在别处。为什么呢？因为如果你要改变某个行为的话，最好能够只在一个地方进行修改，然后就可以尽快地发布。如果需要在很多不同的地方做这些修改，那么可能就需要同时发布多个微服务才能交付这个功能。在多个不同的地方进行修改会很慢，同时部署多个服务风险也很高，这两者都是我们想要避免的。

所以，找到问题域的边界就可以确保相关的行为能放在同一个地方，并且它们会和其他边界以尽量松耦合的形式进行通信。

3.3 限界上下文

Eric Evans 的《领域驱动设计》一书主要专注如何对现实世界的领域进行建模。该书中有很多非常棒的想法，比如通用语言、仓储、抽象等。其中 Evans 引入的一个很重要的概念是限界上下文（bounded context），刚听到这个概念的时候，我深受启发。他认为任何一个给定的领域都包含多个限界上下文，每个限界上下文中的东西（Eric 更常使用模型这个词，应该比"东西"好得多）分成两部分，一部分不需要与外部通信，另一部分则需要。每个上下文都有明确的接口，该接口决定了它会暴露哪些模型给其他的上下文。

另一个我比较喜欢的限界上下文的定义是："一个由显式边界限定的特定职责。"如果你想要从一个限界上下文中获取信息，或者向其发起请求，需要使用模型和它的显式边界进行通信。在这本书中，Evans 使用细胞作为比喻："细胞之所以会存在，是因为细胞膜定义了什么在细胞内，什么在细胞外，并且确定了什么物质可以通过细胞膜。"

让我们回到 MusicCorp 的业务上来，其业务领域涉及运营的方方面面。它涵盖了从仓储到前台、从财务到订单的所有元素。这些元素就是领域，尽管我们不一定要对所有的元素进行建模。让我们尝试在领域中寻找 Evans 所提到的那些限界上下文。在 MusicCorp 中，仓库是一个很热闹的场所，它负责管理发出去的订单（及退回的剩余产品），接收新到的库存，保证多个铲车能同时正常运行等。别的地方，比如财务部门就没那么好玩了，但它在组织内部还是非常重要的。财务部的员工负责管理工资单和公司的账户，并生成重要的报表，这些报表的数量相当大。他们很可能还有一些有趣的桌面玩具。

3.3.1 共享的隐藏模型

对于 MusicCorp 来说，财务部门和仓库就可以是两个独立的限界上下文。它们都有明确的对外接口（在存货报告、工资单等方面），也都有着只需要自己知道的一些细节（铲车、计算器）。

财务部门不需要知道仓库的内部细节。但它确实也需要知道一些事情，比如，需要知道库存水平以便于更新账户。图 3-1 展示了一个上下文图表示例。可以看到其中包含了仓库的内部概念，比如订单提取员、货架等。类似地，公司的总账是财务部必备的一部分，但是不会对外共享。

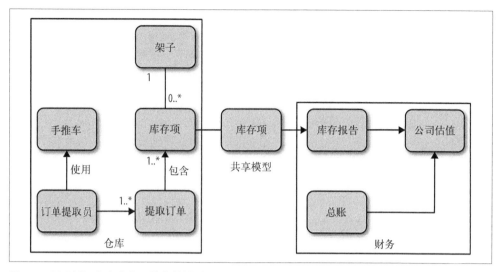

图 3-1：财务部门和仓库之间共享的模型

为了算出公司的估值，财务部的雇员需要库存信息，所以库存项就变成了两个上下文之间的共享模型。然而，我们不会盲目地把库存项在仓库上下文中的所有内容都暴露出去。比如，尽管在仓库内部有相应的模型来表示库存项，但是我们不会直接把这个模型暴露出去。也就是对该模型来说，存在内部和外部两种表示方式。很多情况下，这都会导致是否要采用 REST 的讨论。第 4 章会对 REST 做更多的讨论。

有时候，同一个名字在不同的上下文中有着完全不同的含义。比如，退货表示的是客户退回的一些东西。在客户的上下文中，退货意味着打印运送标签、寄送包裹，然后等待退款。在仓库的上下文中，退货表示的是一个即将到来的包裹，而且这个包裹会重新入库。退货这个概念会与将要执行的任务相关，比如我们可能会发起一个重新入库的请求。这个退货的共享模型会在多个不同的进程中使用，并且在每个限界上下文中都会存在相应的实体，不过，这些实体仅仅是在每个上下文的内部表示而已。

3.3.2 模块和服务

明白应该共享特定的模型，而不应该共享内部表示这个道理之后，就可以避免潜在的紧耦合（即我们不希望成为的样子）风险。我们还识别出了领域内的一些边界，边界内部是相关性比较高的业务功能，从而得到高内聚。这些限界上下文可以很好地形成组合边界。

就像在第 1 章中讨论过的，在同一个进程内使用模块来减少彼此之间的耦合也是一种选择。刚开始开发一个代码库的时候，这可能是比较好的办法。所以一旦你发现了领域内部的限界上下文，一定要使用模块对其进行建模，同时使用共享和隐藏模型。

这些模块边界就可以成为绝佳的微服务候选。一般来讲，微服务应该清晰地和限界上下文保持一致。熟练之后，就可以省掉在单块系统中先使用模块的这个步骤，而直接使用单独的服务。然而对于一个新系统而言，可以先使用一段时间的单块系统，因为如果服务之间的边界搞错了，后面修复的代价会很大。所以最好能够等到系统稳定下来之后，再确定把哪些东西作为一个服务划分出去。第 5 章会对此做更多讨论，同时也会介绍一些技术来把已有的单块系统划分成微服务。

所以，如果服务边界和领域的限界上下文能保持一致，并且微服务可以很好地表示这些限界上下文的话，那么恭喜你，你跨出了走向高内聚低耦合的微服务架构的第一步。

3.3.3　过早划分

在 ThoughtWorks，我们也经历过一些由过早进行服务划分带来的挑战。除了咨询业务之外，我们也做过一些产品。其中一个产品叫作 SnapCI，它是一个持续集成和持续交付的云平台（第 6 章会进一步讨论这些概念）。该产品团队之前做了另一个类似的产品：Go-CD。现在 Go-CD 是一个开源的持续交付工具，与 SnapCI 不同，该工具可以部署在本地。

尽管在 SnapCI 和 Go-CD 之间有一些代码重用，但 SnapCI 最终成为了一个全新的代码库。之前在 CD 工具领域上的经验使团队很有信心地、快速地识别边界，并且直接使用微服务的方式来构建系统。

几个月之后，我们发现 SnapCI 的用例和之前想的有所不同，而这些不同足以证明之前的服务划分方式是有问题的。这导致了很多跨服务的修改，而这些修改的代价相当高。团队逐渐又把这些服务合并成了一个单块系统，从而给所有人时间去理解服务边界到底应该在哪。一年之后，团队识别出了非常稳定的边界，并据此将这个单块系统拆分成多个微服务。当然这并不是我见过的唯一一个过早划分的例子。过早将一个系统划分成为微服务的代价非常高，尤其是在面对新领域时。很多时候，将一个已有的代码库划分成微服务，要比从头开始构建微服务简单得多。

3.4　业务功能

当你在思考组织内的限界上下文时，不应该从共享数据的角度来考虑，而应该从这些上下文能够提供的功能来考虑。比如，仓库的一个功能是提供当前的库存清单，财务上下文能够提供月末账目或者为一个新招的员工创建工资单。为了实现这些功能，可能需要交换存储信息的模型，但是我见过太多只考虑数据从而导致贫血的、基于 CRUD（create，read，update，delete）的服务。所以首先要问自己"这个上下文是做什么用的"，然后再考虑"它需要什么样的数据"。

建模服务时，应该将这些功能作为关键操作提供给其协作者（其他服务）。

3.5 逐步划分上下文

一开始你会识别出一些粗粒度的限界上下文，而这些限界上下文可能又包含一些嵌套的限界上下文。举个例子，你可以把仓库分解成为不同的部分：订单处理、库存管理、货物接受等。当考虑微服务的边界时，首先考虑比较大的、粗粒度的那些上下文，然后当发现合适的缝隙后，再进一步划分出那些嵌套的上下文。

我见过有一种做法是，使这些嵌套的上下文不直接对外可见。对于外界来说，它们用的还是仓库的功能，但发出的请求其实被透明地映射到了两个或者更多的服务上，如图 3-2 所示。有时候你会认为，高层次的限界上下文不应该被显式地建模成为一个服务，如图 3-3 所示，也就是说，不存在一个单独的仓库边界，而是把库存管理、订单处理和货物接收等这些服务分离开来。

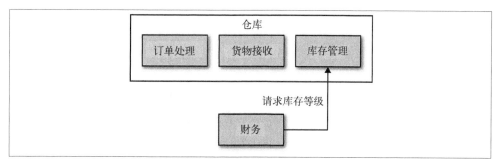

图 3-2：在仓库内部使用微服务表示嵌套限界上下文

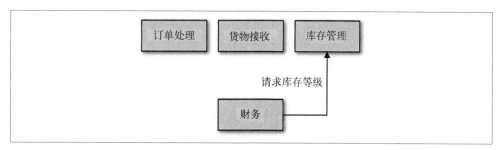

图 3-3：仓库内部的限界上下文被提升到顶层上下文的层次

通常很难说哪种规则更合理，但是你应该根据组织结构来决定，到底是使用嵌套的方法还是完全分离的方法。如果订单处理、库存管理及货物接收是由不同的团队维护的，那么他们大概会希望这些服务都是顶层微服务。另一方面，如果它们都是由一个团队管理的，那么嵌套式结构会更合理。其原因在于，组织结构和软件架构会互相影响，第 10 章会对此做详细讨论。

另一个倾向于嵌套式方法的原因是，它可以使得架构更成块儿从而更好地测试。举个例子，当测试仓库的消费方服务时，不需要对仓库上下文中的每个服务进行打桩，只需要专注于粗粒度的 API 即可。当考虑更大范围的测试时，这也能够给你一定的单元隔离。比如，我可以有这样一种端到端测试，该测试会使用仓库上下文中的所有服务，但其他的所有协作者可以做打桩处理。第 7 章会对测试和隔离做更多讨论。

3.6 关于业务概念的沟通

修改系统的目的是为了满足业务需求。我们会修改面向客户的功能。如果把系统分解成为限界上下文来表示领域的话，那么对于某个功能所要做的修改，就更倾向于局限在一个单独的微服务边界之内。这样就减小了修改的范围，并能够更快地进行部署。

微服务之间如何就同一个业务概念进行通信，也是一件很重要的事情。基于业务领域的软件建模不应该止于限界上下文的概念。在组织内部共享的那些相同的术语和想法，也应该被反映到服务的接口上。以跟组织内通信相同的方式，来思考微服务之间的通信形式是非常有用的。事实上，通信形式在整个组织范围内都非常重要。

3.7 技术边界

服务被错误建模会造成什么样的影响？不久之前，我和一些同事为一个加州的客户工作，帮助他们采用整洁代码实践及自动化测试。一开始做的事情比较简单，比如当注意到有些事情让人很担忧的时候，对服务进行划分。我不能透露更多该应用的信息，但可以说的是，它是一个面向大众的应用，拥有全球大量用户。

团队和系统开始增长。一开始只包含一个人的愿景，现在整个系统的功能和用户越来越多。这个组织逐渐决定对团队进行扩容，增加了一个巴西团队来分担一部分工作。系统被划分成两部分，一部分面向前端，该部分不保存任何状态，如图 3-4 所示；后端部分就是一个简单的数据存储，通过 RPC（Remote Procedure Call，远程过程调用）来提供服务。基本上你可以理解为，把一个代码库中的仓储层变成一个独立的服务。

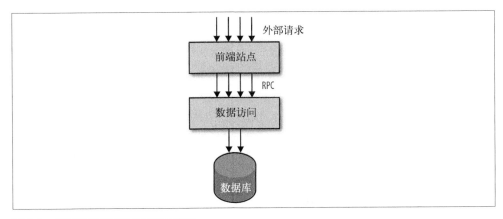

图 3-4：基于技术接缝划分的服务边界

后来发现，需要频繁地同时修改两个服务。两个服务都使用偏底层的、RPC 风格的方法调用，而这是非常不稳定的（第 4 章会就此做进一步讨论）。这个服务接口也很繁琐，会导致性能问题。这就导致了对 RPC 批处理的需求。我把这种架构称为洋葱架构，因为它有很多层，而且当纵切这些层次时，我只想哭。

基于这些事实可以看出，前面提到的按照地理位置或者组织结构对单块系统进行划分是很合理的，第 10 章会做进一步讨论。然而上面这个例子，并不是按照业务进行的垂直划分，而是把原来进程内部的 API 水平划分了出去。

按照技术接缝对服务边界进行建模也并不总是错误的。比如，我见过当一个组织想要达到某个性能目标时，这种划分方式反而更合理。然而一般来讲，这不应该成为你考虑的首要方式。

3.8　小结

在本章中，你学到了什么是好的服务，以及如何在问题空间中寻找能达到高内聚低耦合的接缝。限界上下文是寻找这些接缝的一个非常重要的工具，通过将微服务与这些边界相匹配，可以保证最终的系统能够得到微服务提供的所有好处。我们也大概了解了一些进一步划分微服务的方法，后面的章节会深入讨论这个话题。本章还引入了 MusicCorp，一个会贯穿本书剩余部分的示例领域。

Eric Evans 在《领域驱动设计》中提到的概念对于寻找明显的服务边界来说非常有用。在本章中我只提到了其中的一小部分。我推荐你看一看 Vaughn Vernon 的《实现领域驱动设计》，它能够帮助你理解如何实践这些方法。

本章讨论的内容比较宽泛，下一章的内容技术性会更强。在实现服务间接口方面存在很多的陷阱，从而会引入各种各样的麻烦。如果不想系统乱成一团麻，就必须深入讨论一下该话题。

第 4 章

集成

在我看来，集成是微服务相关技术中最重要的一个。做得好的话，你的微服务可以保持自治性，你也可以独立地修改和发布它们；但做得不好的话会带来灾难。希望本章能够帮助你在微服务之旅中，避免曾经在 SOA 中遇到的那些问题。

4.1 寻找理想的集成技术

微服务之间通信方式的选择非常多样化，但哪个是正确的呢？ SOAP ？ XML-RPC ？ REST ？ Protocol Buffers ？后面会逐一讨论，但是在此之前需要考虑的是，我们到底希望从这些技术中得到什么。

4.1.1 避免破坏性修改

有时候，对某个服务做的一些修改会导致该服务的消费方也随之发生改变。后面会讨论如何处理这种情形，但是我们希望选用的技术可以尽量避免这种情况的发生。比如，如果一个微服务在一个响应中添加了一个字段，那么已有的消费方不应该受到影响。

4.1.2 保证API的技术无关性

如果你从事 IT 业已经超过 15 分钟，不用我说也应该知道，你工作的领域在不断地变化，而唯一不变的就是变化。新的工具、框架、语言层出不穷，它们使我们的工作更高效。现在你在做 .NET，那一年之后呢，或者五年之后呢？说不定什么时候，你会想要尝试一个能够让你的工作更有效率的技术栈。

我很喜欢保持开放的心态，这也正是我喜欢微服务的原因。因此我认为，保证微服务之间通信方式的技术无关性是非常重要的。这就意味着，不应该选择那种对微服务的具体实现技术有限制的集成方式。

4.1.3　使你的服务易于消费方使用

消费方应该能很容易地使用我们的服务。如果消费方使用该服务比登天还难，那么无论该微服务多漂亮都没有任何意义。所以让我们考虑一下，如何让消费方简便地使用美妙的新服务。理想情况下，消费方应该可以使用任何技术来实现，从另一方面来说，提供一个客户端库也可以简化消费方的使用。但是通常这种库与其他我们想要得到的东西不可兼得。举个例子，使用客户端库对于消费方来说很方便，但是会造成耦合的增加。

4.1.4　隐藏内部实现细节

我们不希望消费方与服务的内部实现细节绑定在一起，因为这会增加耦合。与细节绑定意味着，如果想要改变服务内部的一些实现，消费方就需要跟着做出修改。这会增加修改的成本，而这恰恰是我们想要避免的。这也会导致为了避免消费方的修改而尽量少地对服务本身进行修改，而这会导致服务内部技术债的增加。所以，所有倾向于暴露内部实现细节的技术都不应该被采用。

4.2　为用户创建接口

既然现在有了一些有关如何选择服务间集成技术的不错的指导原则，那么就来看看最常用的技术有哪些，以及哪个最合适。为了帮助思考，让我们从 MusicCorp 中选择一个真实的例子。

创建客户这个业务，乍一看似乎就是简单的 CRUD 操作，但对于大多数系统来说并不止这些。添加新客户可能会触发一个新的流程，比如进行付账设置、发送欢迎邮件等。而且修改或者删除客户也可能会触发其他的业务流程。

知道了这些信息之后，在 MusicCorp 系统中对客户的处理方式可能就需要有所不同了。

4.3　共享数据库

目前为止，我和同事在业界所见到的最常见的集成形式就是数据库集成。使用这种方式时，如果其他服务想要从一个服务获取信息，可以直接访问数据库。如果想要修改，也可以直接在数据库中修改。这种方式看起来非常简单，而且可能是最快的集成方式，这也正是它这么流行的原因。

图 4-1 展示了注册部分的用户界面，它直接使用 SQL 在数据库中创建用户。还可以看到，呼叫中心应用程序可以直接运行 SQL 来查看和编辑数据库中的数据。仓库通过查询数据库来显示更新后的客户订单信息。这是一种非常普通的模式，但实践起来却困难重重。

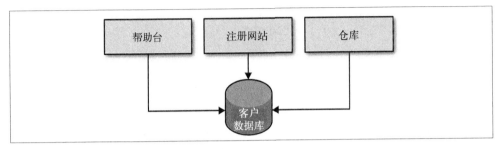

图 4-1：使用数据库集成来访问和修改数据信息

首先，这使得外部系统能够查看内部实现细节，并与其绑定在一起。存储在数据库中的数据结构对所有人来说都是平等的，所有服务都可以完全访问该数据库。如果我决定为了更好地表示数据或者增加可维护性而修改表结构的话，我的消费方就无法进行工作。数据库是一个很大的共享 API，但同时也非常不稳定。如果我想改变与之相关的逻辑，比如说帮助台如何管理客户，这就需要修改数据库。为了不影响其他服务，我必须非常小心地避免修改与其他服务相关的表结构。这种情况下，通常需要做大量的回归测试来保证功能的正确性。

其次，消费方与特定的技术选择绑定在了一起。可能现在来看，使用关系型数据库做存储是合理的，所以我的消费方会使用一个合适的驱动（很有可能是与具体数据库相关的）来与之一起工作。说不定一段时间之后我们会意识到，使用非关系型数据库才是更好的选择。如果消费方和客户服务非常紧密地绑定在了一起，那么能够轻易替换这个数据库吗？正如前面所讨论的，隐藏实现细节非常重要，因为它让我们的服务拥有一定的自治性，从而可以轻易地修改其内部实现。再见，松耦合。

最后，让我们考虑一下行为。肯定会有一部分逻辑负责对客户进行修改。那么这个逻辑应该放在什么地方呢？如果消费方直接操作数据库，那么它们都需要对这些逻辑负责。对数据库进行操作的相似逻辑可能会出现在很多服务中。如果仓库、注册用户界面、呼叫中心都需要编辑客户的信息，那么当修复一个 bug 的时候，你需要修改三个不同的地方，并且对这些修改分别做部署。再见，内聚性。

还记得前面提到过的关于好的微服务的核心原则吗？没错，就是高内聚和低耦合。但是使用数据库集成使得这两者都很难实现。服务之间很容易通过数据库集成来共享数据，但是无法共享行为。内部表示暴露给了我们的消费方，而且很难做到无破坏性的修改，进而不可避免地导致不敢做任何修改，所以无论如何都要避免这种情况。

在本章的剩余部分中，我们会介绍服务之间不同风格的集成方式，这些方式都可以保证服务的内部实现得以隐藏。

4.4 同步与异步

在介绍具体的技术选择之前，让我们先就服务如何协作这个问题做一些讨论。服务之间的通信应该是同步的还是异步的呢？这个基础性的选择会不可避免地引导我们使用不同的实现。

如果使用同步通信，发起一个远程服务调用后，调用方会阻塞自己并等待整个操作的完成。如果使用异步通信，调用方不需要等待操作完成就可以返回，甚至可能不需要关心这个操作完成与否。

同步通信听起来合理，因为可以知道事情到底成功与否。异步通信对于运行时间比较长的任务来说比较有用，否则就需要在客户端和服务器之间开启一个长连接，而这是非常不实际的。当你需要低延迟的时候，通常会使用异步通信，否则会由于阻塞而降低运行的速度。对于移动网络及设备而言，发送一个请求之后假设一切工作正常（除非被告知不正常），这种方式可以在很大程度上保证在网络很卡的情况下用户界面依然很流畅。另一方面，处理异步通信的技术相对比较复杂，后面会讨论。

这两种不同的通信模式有着各自的协作风格，即请求 / 响应或者基于事件。对于请求 / 响应来说，客户端发起一个请求，然后等待响应。这种模式能够与同步通信模式很好地匹配，但异步通信也可以使用这种模式。我可以发起一个请求，然后注册一个回调，当服务端操作结束之后，会调用该回调。

对于使用基于事件的协作方式来说，情况会颠倒过来。客户端不是发起请求，而是发布一个事件，然后期待其他的协作者接收到该消息，并且知道该怎么做。我们从来不会告知任何人去做任何事情。基于事件的系统天生就是异步的。整个系统都很聪明，也就是说，业务逻辑并非集中存在于某个核心大脑，而是平均地分布在不同的协作者中。基于事件的协作方式耦合性很低。客户端发布一个事件，但并不需要知道谁或者什么会对此做出响应，这也意味着，你可以在不影响客户端的情况下对该事件添加新的订阅者。

哪些因素会影响对这两种风格的选择呢？一个重要的因素是这种风格能否很好地解决复杂问题，比如如何处理跨服务边界的流程，而且这种流程有可能会运行很长时间。

4.5 编排与协同

在开始对越来越复杂的逻辑进行建模时，我们需要处理跨服务业务流程的问题，而使用微服务时这个问题会来得更快。让我们来看看在 MusicCorp 中创建用户时发生了什么：

(1) 在客户的积分账户中创建一条记录

(2) 通过邮政系统发送一个欢迎礼包

(3) 向客户发送欢迎电子邮件

在图 4-2 中可以很容易地使用流程图对这个概念进行建模。

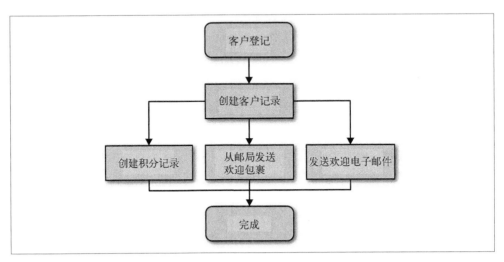

图 4-2：创建新客户的流程

当考虑具体实现时，有两种架构风格可以采用。使用编排（orchestration）的话，我们会依赖于某个中心大脑来指导并驱动整个流程，就像管弦乐队中的指挥一样。使用协同（choreography）的话，我们仅仅会告知系统中各个部分各自的职责，而把具体怎么做的细节留给它们自己，就像芭蕾舞中每个舞者都有自己的方式，同时也会响应周围其他人。

考虑一下对这个流程来说，编排的解决方案会是什么样子的。可能最简单的方式就是让客户服务作为中心大脑。在创建时它会跟积分账户、电子邮件服务及邮政服务通过请求 / 响应的方式进行通信，如图 4-3 所示。客户服务本身可以对当前进行到了哪一步进行跟踪。它会检查客户账户是否创建成功、电子邮件是否发送出去及邮包是否寄出。图 4-2 中的流程图可以直接转换成为代码。甚至有工具可以帮你实现，比如一个合适的规则引擎。也有一些商业工具可以完成这些工作，它们通常被称作商业流程建模软件。假如使用的是同步的请求 / 响应模式，我们甚至能知道每一步是否都成功了。

编排方式的缺点是，客户服务作为中心控制点承担了太多职责，它会成为网状结构的中心枢纽及很多逻辑的起点。我见过这个方法会导致少量的"上帝"服务，而与其打交道的那些服务通常都会沦为贫血的、基于 CRUD 的服务。

如果使用协同，可以仅仅从客户服务中使用异步的方式触发一个事件，该事件名可以叫作"客户创建"。电子邮件服务、邮政服务及积分账户可以简单地订阅这些事件并且做相应处理，如图 4-4 所示。这种方法能够显著地消除耦合。如果其他的服务也关心客户创建这件事情，它们简单地订阅该事件即可。缺点是，看不到如图 4-2 中展示的那种很明显的业务流程视图。

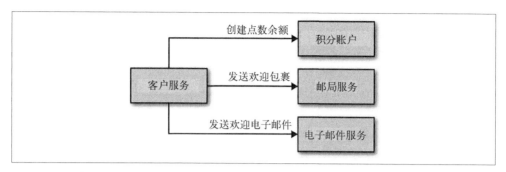

图 4-3：通过编排处理客户创建

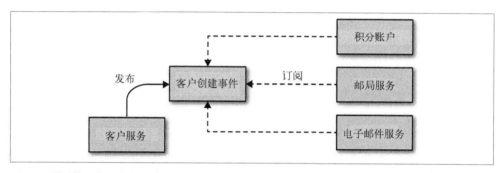

图 4-4：通过协同处理客户创建事件

这意味着，需要做一些额外的工作来监控流程，以保证其正确地进行。举个例子，如果积分账户存在的 bug 导致账户没有创建成功，程序是否能够捕捉到这个问题？处理该问题的一种方法是，构建一个与图 4-2 中展示的业务流程相匹配的监控系统。实际的监控活动是针对每个服务的，但最终需要把监控的结果映射到业务流程中。在这个流程图中我们可以看出系统是如何工作的。

通常来讲，我认为使用协同的方式可以降低系统的耦合度，并且你能更加灵活地对现有系统进行修改。但是，确实需要额外的工作来对业务流程做跨服务的监控。我还发现大多数重量级的编排方案都非常不稳定且修改代价很大。基于这些事实，我倾向于使用协同方式，在这种方式下每个服务都足够聪明，并且能够很好地完成自己的任务。

这里有好几个因素需要考虑。同步调用比较简单，而且很容易知道整个流程的工作是否正常。如果想要请求 / 响应风格的语义，又想避免其在耗时业务上的困境，可以采用异步请求加回调的方式。另一方面，使用异步方式有利于协同方案的实施，从而大大减少服务间的耦合，这恰恰就是我们为了能独立发布服务而追求的特性。

当然我们也可以选择混用不同的方式。然而不同的技术适用于不同的方式，因此需要了解不同技术的实现细节，从而更好地做出选择。

针对请求/响应方式，可以考虑两种技术：RPC（Remote Procedure Call，远程过程调用）和 REST（REpresentational State Transfer，表述性状态转移）。

4.6 远程过程调用

远程过程调用允许你进行一个本地调用，但事实上结果是由某个远程服务器产生的。RPC的种类繁多，其中一些依赖于接口定义（SOAP、Thrift、protocol buffers 等）。不同的技术栈可以通过接口定义轻松地生成客户端和服务端的桩代码。举个例子，我可以让一个 Java服务暴露一个 SOAP 接口，然后使用 WSDL（Web Service Definition Language，Web 服务描述语言）定义的接口生成 .NET 客户端的代码。其他的技术，比如 Java RMI，会导致服务端和客户端之间更紧的耦合，这种方式要求双方都要使用相同的技术栈，但是不需要额外的共享接口定义。然而所有的这些技术都有一个核心特点，那就是使用本地调用的方式和远程进行交互。

有很多技术本质上是二进制的，比如 Java RMI、Thrift、protocol buffers 等，而 SOAP 使用XML 作为消息格式。有些 RPC 实现与特定的网络协议相绑定（比如 SOAP 名义上使用的就是 HTTP），当然不同的实现会使用不同的协议，不同的协议可以提供不同的额外特性。比如 TCP 能够保证送达，UDP 虽然不能保证送达但协议开销较小，所以你可以根据自己的使用场景来选择不同的网络技术。

那些 RPC 的实现会帮你生成服务端和客户端的桩代码，从而让你快速开始编码。基本不用花时间，我就可以在服务之间进行内容交互了。这通常也是 RPC 的主要卖点之一：易于使用。从理论上来说，这种可以只使用普通的方法调用而忽略其他细节的做法简直是给程序员的巨大福利。

然而有一些 RPC 的实现确实存在一些问题。这些问题通常一开始不明显，但慢慢地就会暴露出来，并且其带来的代价要远远大于一开始快速启动的好处。

4.6.1 技术的耦合

有一些 RPC 机制，如 Java RMI，与特定的平台紧密绑定，这对于服务端和客户端的技术选型造成了一定限制。Thrift 和 protocol buffers 对于不同语言的支持很好，从而在一定程度上减小了这个问题的影响。但还是要注意，有时候 RPC 技术对于互操作性有一定的限制。

从某种程度上来讲，这种技术上的耦合也是暴露内部实现细节的一种方式。举个例子，使用 RMI 不仅把客户端绑定在了 JVM 上，服务端也是如此。

4.6.2　本地调用和远程调用并不相同

RPC 的核心想法是隐藏远程调用的复杂性。但是很多 RPC 的实现隐藏得有些过头了，进而会造成一些问题。使用本地调用不会引起性能问题，但是 RPC 会花大量的时间对负荷进行封装和解封装，更别提网络通信所需要的时间。这意味着，要使用不同的思路来设计远程和本地的 API。简单地把一个本地的 API 改造成为跨服务的远程 API 往往会带来问题。最糟的情况是，开发人员会在不知道该调用是远程调用的情况下对其进行使用。

你还需要考虑网络本身。分布式计算中一个非常著名的错误观点就是"网络是可靠的"，事实上网络并不可靠。即使客户端和服务端都正常运行，整个调用也有可能会出错。这些错误有可能会很快发生，也有可能会过一段时间才会显现出来，它们甚至有可能会损坏你的报文。你应该做出一个假设：有一些恶意的攻击者随时有可能对网络进行破坏，因此网络的出错模式也不止一种。服务端可能会返回一个错误信息，或者是请求本身就是有问题的。你能够区分出不同的故障模式吗？如果可以，分别如何处理？如果仅仅是因为远程服务刚刚启动，所以响应才会有点慢，该怎么办？在第 11 章中讨论弹性时，会就这些话题做更多讨论。

4.6.3　脆弱性

有一些很流行的 RPC 实现可能会造成一些令人讨厌的脆弱性，Java 的 RMI 就是一个很好的例子。考虑一个非常简单的 Java 接口，通过该接口可以向客户服务发起一个远程调用。示例 4-1 中声明了向远端提供的接口。然后 Java RMI 会针对这些方法生成客户端和服务端的桩代码。

> **示例 4-1**：使用 Java RMI 定义一个服务的接口

```
import java.rmi.Remote;
import java.rmi.RemoteException;

public interface CustomerRemote extends Remote {
  public Customer findCustomer(String id) throws RemoteException;

  public Customer createCustomer(String firstname, String surname, String emailAddress)
      throws RemoteException;
}
```

在这个接口中，createCustomer 接受名（first name）、姓（surname）及电子邮件地址（email address）作为参数。如果我决定只需要电子邮件地址（email address）就可以创建客户对象的话，该怎么办呢？很容易添加一个新的方法，如下所示：

```
...
public Customer createCustomer(String emailAddress) throws RemoteException;
...
```

这里存在一个问题，因为对规格说明进行了修改，所以所有的客户端都需要重新生成桩，无论该客户端是否需要这个新方法。对每一个具体的点来说，这种修改还是可控的，但事实上这样的修改会非常普遍。RPC 接口最后通常都会包含很多与对象进行交互或者创建对象的方法。造成这种后果的一部分原因就是，没有意识到现在是在做远程调用，而非本地调用。

还有一种形式的脆弱性。让我们来看看 Customer 对象是什么样子：

```java
public class Customer implements Serializable {
  private String firstName;
  private String surname;
  private String emailAddress;
  private String age;
}
```

如果最后发现 Customer 对象中的年龄字段完全没有任何消费者使用，你可能想要去掉这个字段。但如果单单从服务端的实现中删除年龄，而客户端没有做相应修改的话，那么即使它们从来没有用过这个字段，客户端中和 Customer 对象反序列化相关的代码还是会出问题。所以为了应用这些修改，需要同时对服务端和客户端进行部署。这就是任何一个使用二进制桩生成机制的 RPC 所要面临的挑战：客户端和服务器的部署无法分离。如果使用这种技术，离 lock-step 发布就不远了。

类似地，不删除字段而是调整 Customer 的结构也会遇到类似的问题。一个可能的例子是，把名（firstName）和姓（surname）封装到一个新的类型中来简化代码。有一个办法可以避免这种问题，即使用一个字典类型作为参数进行传递。但如果真这么做的话，就会失去自动生成桩的好处，因为你还是要手动去匹配和提取这些字段。

在实践中，通信双方使用的数据类型会直接被序列化和反序列化。而这个数据类型中会包含大量的字段，这就导致不再使用的字段无法被安全删除。

4.6.4　RPC很糟糕吗

尽管存在这些缺点，我也不会说 RPC 很糟糕。然而我见过一些常见的实现确实会导致这里列出的问题，比如 RMI，我会尽量避免使用它。当然 RPC 中也包含很多其他不同的实现。更现代的一些 RPC 机制，比如 protocol buffers 或者 Thrift，会通过避免对客户端和服务端的 lock-step 发布来消除上面提到的一些问题。

如果你决定要选用 RPC 这种方式的话，需要注意一些问题：不要对远程调用过度抽象，以至于网络因素完全被隐藏起来；确保你可以独立地升级服务端的接口而不用强迫客户端升级，所以在编写客户端代码时要注意这方面的平衡；在客户端中一定不要隐藏我们是在做网络调用这个事实；在 RPC 的方式中经常会在客户端使用库，但是这些库如果在结构上组织得不够好，也可能会带来一些问题，后面会对此做更详细的讨论。

RPC 是请求 / 响应协作方式中的一种，相比使用数据库做集成的方式，RPC 显然是一个巨大的进步。但是我们还有其他的选择。

4.7 REST

REST 是受 Web 启发而产生的一种架构风格。REST 风格包含了很多原则和限制，但是这里我们仅仅专注于，如何在微服务的世界里使用 REST 更好地解决集成问题。REST 是 RPC 的一种替代方案。

其中最重要的一点是资源的概念。资源，比如说 Customer，处于服务之内。服务可以根据请求内容创建 Customer 对象的不同表示形式。也就是说，一个资源的对外显示方式和内部存储方式之间没有什么耦合。举个例子，客户端可能会请求一个 Customer 的 JSON 表示形式，而 Customer 在内部的存储方式可以完全不同。一旦客户端得到了该 Customer 的表示，就可以发出请求对其进行修改，而服务端可以选择应答与否。

REST 风格包含的内容很多，上面仅仅给出了简单的介绍。我强烈建议你看一看 Richardson 的成熟度模型，其中有对 REST 不同风格的比较。

REST 本身并没有提到底层应该使用什么协议，尽管事实上最常用 HTTP。我以前也见过使用其他协议来实现 REST 的例子，比如串口或者 USB，当然这会引入大量的工作。HTTP 的一些特性，比如动词，使得在 HTTP 之上实现 REST 要简单得多，而如果使用其他协议的话，就需要自己实现这些特性。

4.7.1 REST和HTTP

HTTP 本身提供了很多功能，这些功能对于实现 REST 风格非常有用。比如说 HTTP 的动词（如 GET、POST 和 PUT）就能够很好地和资源一起使用。事实上，REST 架构风格声明了一组对所有资源的标准方法，而 HTTP 恰好也定义了一组方法可供使用。GET 使用幂等的方式获取资源，POST 创建一个新资源。这就意味着，我们可以避免很多不同版本的 createCustomer 及 editCustomer 方法。相反，简单地 POST 一个 Customer 的表示到服务端，然后服务端就可以创建一个新的资源，接下来可以发起一个 GET 请求来获取资源的表示。从概念上来说，对于一个 Customer 资源，访问接口只有一个，但是可以通过 HTTP 协议的不同动词对其进行不同的操作。

HTTP 周边也有一个大的生态系统，其中包含很多支撑工具和技术。比如 Varnish 这样的 HTTP 缓存代理、mod_proxy 这样的负载均衡器、大量针对 HTTP 的监控工具等。这些组件可以帮助我们很好地处理 HTTP 流量，并使用聪明的方式对其进行路由，而且这些操作基本上都对终端用户透明。HTTP 还提供了一系列安全控制机制供我们直接使用。从基本认证到客户端证书，HTTP 生态系统提供了大量的工具来简化安全性处理，第 9 章会就该话题做更多讨论。即便如此，你需要正确地使用 HTTP 才能得到这些好处。如果用得不好，它就会像其他技术一样变得既不安全又难以扩展。如果用得好，你会得到很多好处。

需要注意的是，HTTP 也可以用来实现 RPC。比如 SOAP 就是基于 HTTP 进行路由的，但不幸的是它只用到 HTTP 很少的特性，而动词和 HTTP 的错误码都被忽略了。很多时候，似乎那些已有的并且很好理解的标准和技术会被忽略，然后新推出的标准又只能使用全新的技术来实现，而这些新技术的提供者也就是制定那些新标准的公司！

4.7.2　超媒体作为程序状态的引擎

REST 引入的用来避免客户端和服务端之间产生耦合的另一个原则是"HATEOAS"（Hypermedia As The Engine Of Application State，超媒体作为程序状态的引擎。天哪，它真的需要一个缩写吗？）。这个概念很长也很有趣，所以让我们详细看一下。

超媒体的概念是：有一块内容，该内容包含了指向其他内容的链接，而这些内容的格式可以不同（如文本、图像、声音等）。这个概念你应该很熟悉，因为你可以在任何一个网页上看到超媒体控制形式的链接，当你点击链接时可以看到相关的内容。HATEOAS 背后的想法是，客户端应该与服务端通过那些指向其他资源的链接进行交互，而这些交互有可能造成状态转移。它不需要知道 Customer 在服务端的 URI，相反客户端根据链接导航到它想要的东西。

这个概念有点奇怪，所以让我们退后一步，考虑一下人类和网页这个超媒体之间是如何交互的。

考虑 Amazon.com 这个站点。随着时间的推移，购物车的位置、图像、链接都有可能发生变化，但是人类足够聪明，你还是能够找到它。无论确切的形式和底层使用的控件发生怎样的改变，我们仍然很清楚如果你想要浏览购物车的话，应该去点哪个按钮。这就是为什么在网页上可以做出一些增量的修改，只要这些客户和站点之间的隐式约定仍然满足，这些修改就不会破坏站点的功能。

使用超媒体控制时，我们希望电子用户[2]也能达到同样的聪明程度。首先看一看 MusicCorp 可能会用到的超媒体控制都有哪些。在示例 4-2 中我们对表示专辑目录项的资源进行访问。在专辑的信息中可以看到一系列超媒体控制。

示例 4-2：专辑信息中的超媒体控制

```
<album>
  <name>Give Blood</name>
  <link rel="/artist" href="/artist/theBrakes" /> ❶
  <description>
```

注 2：电子用户指其他的服务等。——译者注

```
    Awesome, short, brutish, funny and loud. Must buy!
  </description>
  <link rel="/instantpurchase" href="/instantPurchase/1234" /> ❷
</album>
```

❶ 这个超媒体控制告诉我们去哪里找作者的信息。

❷ 如果我想要买这张专辑，应该知道如何购买。

这个文档中存在两个超媒体控制。读取该文档的客户端需要知道，应该从关系（即示例中的 rel）为 artist 的那个链接中获取作者的信息，而文档中的 instantpurchase 也是协议的一部分，访问该链接即可购买该专辑。就像人类需要理解如何识别购物网站上的购物车一样，客户端也需要理解该 API 的语义。

作为一个客户端，我不需要知道购买专辑的 URI，只需要访问专辑资源，找到其购买链接，然后访问它即可。购买链接的位置可能会改变，URI 也可能会变，该站点甚至可以发送给我额外的信息，但是作为客户端不用在意这些。这就使得客户端和服务端之间实现了松耦合。

这样底层细节就被很好地隐藏起来了。我们可以随意改变链接的展现形式，只要客户端仍然能够通过特定的协议找到它即可。类似地，购物车也可以从一个很简单的链接变成一个复杂一些的 JavaScript 控件。你也可以随意向文档中添加新的链接，从而给客户端提供对资源状态的额外操作。除非我们改变某个链接的语义或者删除该链接，否则客户端不会受到影响。

使用这些链接来对客户端和服务端进行解耦，从长期来看有着很显著的好处，因为你不需要一再调整客户端代码来匹配服务端的修改。通过使用这些链接，客户端能够自行获取相关 API，这对于实现新客户端来说非常方便。

这种方式的一个缺点是，客户端和服务端之间的通信次数会比较多，因为客户端需要不断地发现链接、请求、再发现链接，直到找到自己想要进行的那个操作，所以这里终究还是需要做一些取舍。我建议，你一开始先让客户端去自行遍历和发现它想要的链接，然后如果有必要的话再想办法优化。别忘了前面我们提到了很多跟 HTTP 相关的工具可以帮助我们。很多文献都讨论过过早优化的坏处，所以这里我就不花时间讨论这个话题了。需要注意的是，这里的很多方法都可以用来创建分布式超文本系统，但并不是所有的方法都适用于所有的场景！有时候你会发现自己需要的就是一个好一些的老式 RPC 而已。

我个人很喜欢让客户端自行遍历和发现 API 这种形式。自行发现和解耦的好处非常之大，然而很显然并非所有人都买账，因为我身边很多人都不是这么做的。我认为主要原因是这么做需要一定的投入，但是回报的时间往往比较长。

4.7.3　JSON、XML还是其他

由于服务端使用标准文本形式的响应，所以客户端可以很灵活地对资源进行使用，而基于 HTTP 的 REST 能够提供多种不同的响应形式。到目前为止我们看到的例子都是 XML 的，但事实上目前 JSON 更加流行。

JSON 无论从形式上还是从使用方法上来说都更简单。有些支持者认为，相比 XML，JSON 的内容更加紧凑，这为选用 JSON 增加了砝码，虽然真实世界中这并不是太重要的问题。

但是 JSON 也有一些缺点。XML 使用链接来进行超媒体控制。JSON 标准中并没有类似的东西，所以出现了很多不同的自定义的方式在 JSON 中进行超媒体控制。HAL（Hypertext Application Language，超文本应用语言）试图为 JSON（也包括 XML，虽然大家普遍认为 XML 不需要它的帮助）定义通用的超文本标准格式。如果你遵守 HAL 的标准，就可以使用基于 Web 的 HAL 浏览器来使用超媒体控制，这会使创建客户端简单得多。

当然并不是说只有这两种格式。通过 HTTP 我们可以发送任何格式，甚至是二进制的。我看到越来越多的人直接使用 HTML，而非 XML。对于有些接口来说，HTML 既可以做 UI，也可以做 API，当然这么做是很容易出错的，因为与人类之间的交互，和与计算机之间的交互的差异是很大的。当然这确实是一个很有吸引力的想法，毕竟已经有那么多现成的 HTML 解析器可用。

不过我个人来讲还是很喜欢 XML 的，因为在工具上有很好的支持。举个例子，如果我只想提取负载（在 4.13 节讨论"版本化"时会再讨论该技术）中某个特定部分的话，可以使用 XPATH，而支持 XPATH 标准的工具相当多。CSS 选择器也可以，并且用起来还更简单。使用 JSON 的话，也有 JSONPATH 可用，但是目前支持该标准的工具很有限。我感觉很奇怪的是，很多人选择 JSON 是因为它很轻量，但是又想设法把超媒体控制之类的概念添加进去，而这些概念是在 XML 中早已存在的。不过我承认我可能是少数派，大多数人还是喜欢使用 JSON。

4.7.4　留心过多的约定

由于 REST 越来越流行，帮助我们构建 RESTFul Web 服务的框架也随之流行起来。然而有些工具会为了短期利益而牺牲长期利益，为了让你一开始启动得足够快，它们会使用一些不好的实践。举个例子，有些框架可以很容易地表示数据库对象，并把它们反序列化成进程内的对象，然后直接暴露给外部。我记得在一个会议上看到有人使用 Spring Boot 演示了这种做法，并且宣称这是它们的主要优势。这种方式内在的耦合性所带来的痛苦会远远大于从一开始就消除概念之间的耦合所需的代价。

我们很容易把存储的数据直接暴露给消费者，那么如何避免这个问题呢？在我的团队中一个很有效的模式是先设计外部接口，等到外部接口稳定之后再实现微服务内部的数据持久化。在此期间，简单地将实体持久化到本地磁盘的文件上，当然这并非长久之计。这样做可以保证服务的接口是由消费者的需求驱动出来的，从而避免数据存储方式对外部接口的影响。其缺点是推迟了数据存储部分的集成。我认为对于新的服务来说，这个取舍是可接受的。

4.7.5　基于HTTP的REST的缺点

从易用性角度来看，基于 HTTP 的 REST 无法帮助你生成客户端的桩代码，而 RPC 可以。没错，使用 HTTP 意味着有许多很棒的 HTTP 客户端库可供使用，但是如果你想要在客户端中实现并使用超媒体控制的话，那基本上就要靠自己了。从个人角度来讲，我认为客户端的库可以做得更好，当然现在的库已经比过去的好很多了。但是我发现使用库会增加复杂度，因为人们会不自觉地回到基于 HTTP 的 RPC 的思路上去，然后构建出一些共享库。在客户端和服务器之间共享代码是非常危险的，4.11 节会就此做更多讨论。

还有一个小问题：有些 Web 框架无法很好地支持所有的 HTTP 动词。这就意味着你很容易处理 GET 和 POST 请求，但是 PUT 和 DELETE 就很麻烦了。像 Jersey 这样比较好的 REST 框架就不存在这个问题，但如果在框架选择上有所限制的话，你可能就无法完整地使用 REST 风格了。

性能上也可能会遇到问题。基于 HTTP 的 REST 支持不同的格式，比如 JSON 或者二进制，所以负载相对 SOAP 来说更加紧凑，当然和像 Thrift 这样的二进制协议是没法比的。在要求低延迟的场景下，每个 HTTP 请求的封装开销可能是个问题。

虽然 HTTP 可以用于大流量的通信场景，但对低延迟通信来说并不是最好的选择。相比之下，有一些构建于 TCP（Transmission Control Protocol，传输控制协议）或者其他网络技术之上的协议更加高效。比如 WebSockets，虽然名字中有 Web，但其实它基本上跟 Web 没什么关系。在初始的 HTTP 握手之后，客户端和服务端之间就仅仅通过 TCP 连接了。对于向浏览器传输数据这个场景而言，WebSockets 更加高效。如果这是你的需求的话，那么注意你其实并不需要使用很多 HTTP 的特性，更别说其他跟 REST 相关的东西了。

对于服务和服务之间的通信来说，如果低延迟或者较小的消息尺寸对你来说很重要的话，那么一般来讲 HTTP 不是一个好主意。你可能需要选择一个不同的底层协议，比如 UDP（User Datagram Protocol，用户数据报协议）来满足你的性能要求。很多 RPC 框架都可以很好地运行在除了 TCP 之外的其他网络协议上。

有些 RPC 的实现支持高级的序列化和反序列化机制，然而对于 REST 而言，这部分工作就要自己做了。这部分工作可能会成为服务端和客户端之间的一个耦合点，因为实现一个具有容错性的读取器不是一件容易的事情（后面会做讨论），但是从快速启动的角度来看，它们还是非常有吸引力的。

尽管有这些缺点，在选择服务之间的交互方式时，基于 HTTP 的 REST 仍然是一个比较合理的默认选择。如果想了解更多，我建议你阅读《REST 实战》这本书，该书对 REST 做了非常详细的介绍。

4.8　实现基于事件的异步协作方式

前面讨论了一些与请求 / 响应模式相关的技术。那么基于事件的异步通信呢？

4.8.1　技术选择

主要有两个部分需要考虑：微服务发布事件机制和消费者接收事件机制。

传统上来说，像 RabbitMQ 这样的消息代理能够处理上述两个方面的问题。生产者（producer）使用 API 向代理发布事件，代理也可以向消费者提供订阅服务，并且在事件发生时通知消费者。这种代理甚至可以跟踪消费者的状态，比如标记哪些消息是该消费者已经消费过的。这种系统通常具有较好的可伸缩性和弹性，但这么做也是有代价的。它会增加开发流程的复杂度，因为你需要一个额外的系统（即消息代理）才能开发及测试服务。你也需要额外的机器和专业知识来保持这些基础设施的正常运行。但一旦做好了，它会是实现松耦合、事件驱动架构的一种非常有效的方法。通常来说我很喜欢这种方式。

不过需要注意的是，消息代理仅仅是中间件世界中的一小部分而已。队列本身是很合理、很有用的东西。但是中间件厂商通常倾向于把很多的软件打包进去，比如像企业级服务总线这样的东西。谨记这个原则：尽量让中间件保持简单，而把业务逻辑放在自己的服务中。

另一种方法是使用 HTTP 来传播事件。ATOM 是一个符合 REST 规范的协议，可以通过它提供资源聚合（feed）的发布服务，而且有很多现成的客户端库可以用来消费该聚合。这样当客户服务发生改变时，只需简单地向该聚合发布一个事件即可。消费者会轮询该聚合以查看变化。另一方面，现成的 ATOM 规范和与之相关的库用起来非常方便，而且 HTTP 能够很好地处理伸缩性。但正如前面所提到的，HTTP 不擅长处理低延迟的场景，而且使用 ATOM 的话，用户还需要自己追踪消息是否送达及管理轮询等工作。

我见过很多人花费大量时间，在 ATOM 上实现越来越多任何一个还不错的消息代理都能够提供的功能。举个例子，消费者竞争模式（Competing Consumer pattern）描述了一种使用多个工作者实例同时消费消息的方法，工作者实例的数量可以增加，而且它们应该可以独立于彼此正常工作。但是有一种场景需要避免，即多个工作者处理了同一条消息，从而造成浪费。如果使用消息代理，一个标准的队列就可以很好地处理这种场景。而使用 ATOM 的话，就需要自己在所有的工作者之间维护一个共享的状态来减少上述情况的发生。

如果你已经有了一个好的、具有弹性的消息代理的话，就用它来处理事件的订阅和发布吧。但如果没有的话，你可以看一看 ATOM。但要注意沉没成本的陷阱，比如当你发现有越来越多的消息代理可以满足需求时，就应该在某个时间点做出相应的调整。

关于异步协议使用什么样的消息格式，其实需要考虑的因素和使用同步通信时没什么区别。如果你现在正在使用 JSON 作为请求和响应的格式，那么可以继续使用。

4.8.2　异步架构的复杂性

这些异步的东西看起来挺有趣的，对吧？事件驱动的系统看起来耦合非常低，而且伸缩性很好。但是这种编程风格也会带来一定的复杂性，这种复杂性并不仅仅包括对消息的发布订阅操作。举个例子，考虑一个非常耗时的异步请求 / 响应，需要考虑响应返回时需要怎么处理。该响应是否回到发送请求的那个节点？如果是的话，节点服务停止了怎么办？如果不是，是否需要把信息事先存储到某个其他地方，以便于做相应处理？如果 API 设计得好的话，短生命周期的异步操作还是比较容易管理的，但尽管如此，对于习惯了进程间同步调用的程序员来说，使用异步模式也需要思维上的转换。

现在来看一个大家可以引以为戒的故事。2006 年，我在一家银行帮客户构建定价系统，系统需要根据市场事件来决定投资组合中的哪些项需要重新定价。一旦确定了需要做的事情之后，就把它们全都放到一个消息队列中。当时我们使用一个网格来创建定价工作者池，这样就可以根据需求来调整定价集群的规模。这些工作者使用消费者竞争模式，每个工作者都不停地处理这些消息，直到没有消息可处理为止。

系统运行起来了，我们感觉很棒。但是在某一次发布之后，我们遇到了一个很令人讨厌的问题。我们的工作者不停地崩溃，不停地崩溃，不停地崩溃。

最终我们发现了问题所在。代码中存在一个 bug，某一种定价请求会导致工作者崩溃。我们当时使用了事务处理队列：当工作者崩溃之后，这个请求上的锁会超时，然后该请求就会被放回到队列中。另一个工作者会重新尝试处理该请求，然后它也会崩溃。这就是 Martin Fowler 提到的灾难性故障转移（catastrophic failover）的一个典型例子。

除了代码中的 bug 外，我们还忘了设置一个作业最大重试次数。所以后面不但修复了 bug 本身，还设置了这个最大重试次数。但是我们也意识到需要有一种方式来查看甚至是重发这些有问题的消息。所以最后实现了一个消息医院（或者叫死信队列），所有失败的消息都会被发送到这里。我们还创建了一个界面来显示这些消息，如果需要的话还可以触发一个重试。如果你只熟悉点到点的同步通信，就很难快速发现这个问题。

事件驱动架构和异步编程会带来一定的复杂性，所以我通常会很谨慎地选用这种技术。你需要确保各个流程有很好的监控机制，并考虑使用关联 ID，这种机制可以帮助你对跨进程的请求进行追踪，第 8 章会详细讨论这个话题。

强烈推荐你读一读《企业集成模式》这本书，其中详细讨论了很多不同的编程模式。

4.9　服务即状态机

不管你选择做一个 REST 忍者，还是坚持使用像 SOAP 这样的基于 RPC 的机制，服务即状态机的概念都很强大。前面提到过（可能已经提的太多了）服务应该根据限界上下文进行划分。我们的客户微服务应该拥有与这个上下文中行为相关的所有逻辑。

当消费者想要对客户做修改时，它会向客户服务发送一个合适的请求。客户服务根据自己的逻辑决定是否接受该请求。客户服务控制了所有与客户生命周期相关的事件。我们想要避免简单地对 CRUD 进行封装的贫血服务。如果出现了在客户服务之外与其进行相关的修改的情况，那么你就失去了内聚性。

把关键领域的生命周期显式建模出来非常有用。我们不但可以在唯一的一个地方处理状态冲突（比如，尝试更新已经被移除的用户），而且可以在这些状态变化的基础上封装一些行为。

我仍然认为基于 HTTP 的 REST 相比其他集成技术更合理，但不管你选的是什么，都要记住上面的原则。

4.10　响应式扩展

响应式扩展（Reactive extensions，Rx）提供了一种机制，在此之上，你可以把多个调用的结果组装起来并在此基础上执行操作。调用本身可以是阻塞或者非阻塞的。Rx 改变了传统的流程。以往我们会获取一些数据，然后基于此进行操作，现在你可以做的是简单地对操作的结果进行观察，结果会根据相关数据的改变自动更新。一些 Rx 的实现允许你对这些被观察者应用某种函数变换，比如在 RxJava 中就可以使用类似 map 或者 filter 这样的经典函数。

很多 Rx 实现都在分布式系统中找到了归宿。因为调用的细节被屏蔽了，所以事情也更容易处理。我可以简单地对下游服务调用的结果进行观察，而不需要关心它是阻塞的还是非阻塞的，唯一需要做的就是等待结果并做出响应。其漂亮之处在于，我可以把多个不同的调用组合起来，这样就可以更容易地对下游服务的并发调用做处理。

当你需要做一些基于多个服务调用的操作时，尝试一下适合你所选用技术栈的响应式扩展。你会惊讶地发现它让你的代码变得非常简单。

4.11　微服务世界中的DRY和代码重用的危险

开发人员对 DRY 这个缩写非常熟悉，即 Don't Repeat Yourself。虽然从字面上看 DRY 仅仅是避免重复代码，但其更精确的含义是避免系统行为和知识的重复。一般来讲这是很合理的建议。如果有相同的代码来做同样的事情，代码规模就会变大，从而降低可维护性。如果你想要修改的行为在系统的很多部分都有重复实现的话，那么就很容易漏掉某些部分的修改，从而导致 bug，所以强制性地使用 DRY 一般来讲是合理的。

使用 DRY 可以得到重用性比较好的代码。把重复代码抽取出来，然后就可以在多个地方进行调用。比如说可以创建一个随处可用的共享库。但是这个方法在微服务的架构中可能是危险的。

我们想要避免微服务和消费者之间的过度耦合，否则对微服务任何小的改动都会引起消费方的改动。而共享代码就有可能会导致这种耦合。比如，客户端可以通过库共享其中表示系统核心实体的公共领域对象，而所有的服务也会使用这个库。所以当任何部分需要对库做修改时，都会引起其他部分的重新部署。如果你的系统通过消息队列进行通信，那么你需要过滤（由不同步的部署导致的）失效的内容，忘记这么做会引起严重的问题。

跨服务共用代码很有可能会引入耦合。但使用像日志库这样的公共代码就没什么问题，因为它们对外是不可见的。Realestate.com.au 使用了很多深度定制化的服务模板来快速创建新服务。他们不会在服务之间共用代码，而是把这些代码复制到每个新的服务中，以防止耦合的发生。

我的经验是：在微服务内部不要违反 DRY，但在跨服务的情况下可以适当违反 DRY。服务之间引入大量的耦合会比重复代码带来更糟糕的问题。但这的确是一个值得进一步探索的问题。

客户端库

很多团队坚持在最开始的时候为服务开发一个客户端库。原因在于，这样不仅能简化对服务的使用，还能避免不同消费者之间存在重复的与服务交互的代码。

这么做的问题在于，如果开发服务端 API 和客户端 API 的是同一批人，那么服务端的逻辑就有可能泄露到客户端中。我对此很清楚，因为我以前就这么做过。潜入客户端库的逻辑越多，内聚性就越差，然后你必须在修复一个服务端问题的同时，也需对多个客户端进行修改。这样做也会限制技术的选择，尤其是当你强制消费方使用该客户端库时。

我喜欢 AWS（Amazon Web Service）使用的那种客户端库的模式。它允许你直接使用底层的 SOAP 或者 REST 接口，但事实上所有人最终都会使用 SDK（Software Development Kits，软件开发工具箱），该 SDK 对底层 API 进行了抽象。值得一提的是，这些 SDK 要么是由社区提供的，要么是由 API 开发团队之外的的 AWS 员工开发的。这种程度的分离似乎是有效的，它避免了使用客户端库的一些问题。该模式效果很好，其中一部分原因是客户端自主决定何时进行升级。如果你一定要使用客户端库，请确保使用这种正确的方式。

Netflix 非常强调客户端库的使用，但千万不要简单地认为其目的仅仅是避免代码重复。事实上，Netflix 使用客户端库的另一个同等重要的（如果不是更重要的）原因是，保证系统的可靠性和可伸缩性。Netflix 的客户端库会处理类似服务发现、故障模式、日志等方面的工作，可以看到这些方面与服务本身的职责并没有什么关系。如果不使用这些共享客户端，Netflix 就很难保证客户端和服务器之间的通信能够在规模化的情况下正常工作。这些库在 Netflix 中的使用大大减少了初始搭建的工作量，并提高了生产率，同时也能确保系统能正常工作。然而，至少有一个来自 Netflix 的员工表示，经过一段时间之后，这种做法还是引入了客户端和服务器之间一定程度的耦合，并产生了一些问题。

如果你想要使用客户端库，一定要保证其中只包含处理底层传输协议的代码，比如服务发现和故障处理等。千万不要把与目标服务相关的逻辑放到客户端库中。想清楚你是否要坚持使用客户端库，或者你是否允许别人使用不同的技术栈来对底层 API 进行调用。最后，确保由客户端来负责何时进行客户端库的升级，这样才能保证每个服务可以独立于其他服务进行发布！

4.12　按引用访问

如何传递领域实体的相关信息是一个值得讨论的话题。很重要的一个想法是，微服务应该包含核心领域实体（比如客户）全生命周期的相关操作。前面讨论了把与客户有关的逻辑放在客户服务中的重要性。在这种设计下，如果想要做任何与客户相关的改动，就必须向客户服务发起请求。它遵守了一个原则，即客户服务应该是关于客户信息的唯一可靠来源。

想象这样一个场景，你从客户服务获取了一个客户资源，那么就能看到该资源在你发起请求那一刻的样子。但是有可能在你发送了请求之后，其他人对该资源进行了修改，所以你所持有的其实是该客户资源曾经的样子。你持有这个资源的时间越久，其内容失效的可能性就越高。当然，避免不必要的数据请求可以让系统更高效。

有时候使用本地副本没什么问题，但在其他场景下你需要知道该副本是否已经失效。所以当你持有一个本地副本时，请确保同时持有一个指向原始资源的引用，这样在你需要的时候就可以对本地副本进行更新。

考虑这样一个例子：发货之后需要请求邮件服务来发送一封邮件。一种做法是，把客户的邮件地址、姓名、订单详情等信息发送到邮件服务。但是邮件服务有可能会将这个请求放入队列，然后在将来的某个时间再从队列中取出来，在这个时间差中，客户和订单的信息有可能就会发生变化。更合理的方式应该是，仅仅发送表示客户资源和订单资源的 URI，然后等邮件服务器就绪时再回过头来查询这些信息。

在考虑基于事件的协作时，你会发现一个很棒的对位（counterpoint）[3]。使用事件时，不仅需要知道该事件是否发生，还需要知道到底发生了什么。所以当收到一个客户资源变化的更新事件时，我想要知道事件发生时该客户的状态。同时为了能够在处理事件时得到资源的最新状态，也应该拥有该实体的引用以便于查询。

当然在使用引用时也需要做一些取舍。如果总是从客户服务去查询给定客户的相关信息，那么客户服务的负载就会过大。如果在获取资源的同时，可以得到资源的有效性时限（即该资源在什么时间之前是有效的）信息的话，就可以进行相应的缓存，从而减小服务的负载。HTTP 在缓存控制方面提供了很多现成的支持，第 11 章会讨论其中的一些措施。

另一个问题是，有些服务可能不需要知道整个客户资源，所以坚持进行查询这种方式会引入潜在的耦合。有人提出邮件服务器应该更加简单，只需要简单地把邮件地址和客户名称发给它就可以了。我认为这里并不存在非常明确的统一规则，原则上来说，应该在不确定数据是否能够保持有效的情况下，谨慎地进行处理。

4.13　版本管理

每次提及微服务的时候，都会有人问我如何做版本管理。大家担心服务的接口难免发生改变，那么如何管理这些改变呢？让我们把这个问题划分成一些更小的问题，然后看看如何对每一个进行针对性处理。

4.13.1　尽可能推迟

减小破坏性修改影响的最好办法就是尽量不要做这样的修改。本章讨论了很多不同的集成技术，你可以通过选用正确的技术来做到这一点。比如数据库集成很容易引入破坏性的修改。然而 REST 就好得多，因为对于内部实现的修改不太容易引起服务接口的变化。

另一个延迟破坏性修改的关键是鼓励客户端的正确行为，避免过早地将客户端和服务端紧密绑定起来。考虑邮件服务这个例子，它会时不时地向客户发送邮件。假设现在它得到了一个指令：发送"订单已发送"的邮件给 ID 为 1234 的客户。它会使用该 ID 获取客户信息，然后得到类似示例 4-3 中的响应。

注 3：对位原指音乐创作中，使两条或者更多条相互独立的旋律同时发声并且彼此融洽的技术，这里比喻同时做两件事情并达到很好的效果。——译者注

```
<customer>
  <firstname>Sam</firstname>
  <lastname>Newman</lastname>
  <email>sam@magpiebrain.com</email>
  <telephoneNumber>555-1234-5678</telephoneNumber>
</customer>
```

发送邮件需要名、姓和邮件地址等信息，但不需要电话号码。我们希望能够简单地得到所需要的那些字段，而忽略剩余的。一些强类型语言会使用一些绑定技术，这种技术会将所有字段进行自动绑定，无论消费者是否需要。如果我们意识到，没有人在使用电话号码这个字段并决定要删除它，有些消费者可能就会受到不必要的影响。

类似地，如果想要重新构造客户对象来添加更多细节（如示例 4-4 所示），又会发生什么呢？邮件服务器所需要的数据还在那里，名字也相同，但是，如果我们的代码只会去某个指定的位置寻找名和姓的信息，就会发生错误。在这个例子中，可以使用 XPath 来从中提取出想要的信息，这样字段的位置就可以更加灵活。这种读取器的实现能够忽略我们不在乎的那些修改，Martin Fowler 称其为容错性读取器。

示例 4-4：对客户资源的重新构造：数据都还在，但是消费者能够找到它吗？

```
<customer>
  <naming>
    <firstname>Sam</firstname>
    <lastname>Newman</lastname>
    <nickname>Magpiebrain</nickname>
    <fullname>Sam "Magpiebrain" Newman</fullname>
  </naming>
  <email>sam@magpiebrain.com</email>
</customer>
```

客户端尽可能灵活地消费服务响应这一点符合 Postel 法则（也叫作鲁棒性原则）。该法则认为，系统中的每个模块都应该"宽进严出"，即对自己发送的东西要严格，对接收的东西则要宽容。这个原则最初的上下文是网络设备之间的交互，因为在这个场景中，所有奇怪的事情都有可能发生。在请求 / 响应的场景下，该原则可以帮助我们在服务发生改变时，减少消费方的修改。

4.13.2 及早发现破坏性修改

及早发现会对消费者产生破坏的修改非常重要，因为即使使用最好的技术，也难以避免破坏性修改的出现。我强烈建议使用消费者驱动的契约来及早定位这些问题，第 7 章会对该技术做详细的讲解。如果你支持多种不同的客户端库，那么最好针对最新的服务对所有的客户端运行测试。一旦意识到，你可能会对某一个消费者造成破坏，那么可以选择要么尽量避免该破坏性修改，要么接受它，并跟维护这些服务的人员好好聊一聊。

4.13.3 使用语义化的版本管理

如果一个客户端能够仅仅通过查看服务的版本号，就知道它是否能够与之进行集成，那就太棒了！语义化版本管理（semantic versioning）就是一种能够支持这种方式的规格说明。语义化版本管理的每一个版本号都遵循这样的格式：MAJOR.MINOR.PATCH。其中 MAJOR 的改变意味着其中包含向后不兼容的修改；MINOR 的改变意味着有新功能的增加，但应该是向后兼容的；最后，PATCH 的改变代表对已有功能的缺陷修复。

为了更好地理解语义化版本管理，让我们来看一个简单的用例。帮助台应用能够与 1.2.0 版本的客户服务一起使用。如果新功能的增加引起了客户服务的版本变成了 1.3.0，那么帮助台应用不应该看到任何行为的变化，并且自身也不需要做任何改动。由于当前的客户端可能会依赖于在 1.2.0 版本中新加入的功能，所以不能保证，现在的版本可以和 1.1.0 版本的客户服务一起工作。当客户服务升级到 2.0.0 版本时，本地应用程序应该也需要做相应的修改。

你可能会决定在服务中使用语义化版本，如果使用下一节中描述的那种共存方式，那么甚至可以针对某个特定的接口做版本管理。

这个版本管理策略允许我们把很多的信息和期望打包到三个字段中。完整的规范大纲就是简单的三个数字的变化，这个规范可以简化检查版本兼容性的流程。不幸的是，我还没有在分布式系统中见到很多这样用的例子。

4.13.4 不同的接口共存

如果已经做了可以做的所有事情来避免对接口的修改（但还是无法避免），那么下一步的任务就是限制其影响。我们不想强迫客户端跟随服务端一起升级，因为希望微服务可以独立于彼此进行发布。我用过的一种比较成功的方法是，在同一个服务上使新接口和老接口同时存在。所以在发布一个破坏性修改时，可以部署一个同时包含新老接口的版本。

这可以帮助我们尽快发布新版本的微服务，其中包含了新的接口，同时也给了消费者时间做迁移。一旦所有的消费者不再访问老的接口，就可以删除掉该接口及相关的代码，如图4-5 所示。

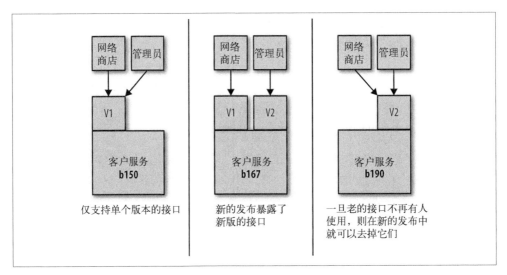

图 4-5：某个接口的不同版本同时存在，允许消费者进行逐步的迁移

在我使用这种方法的上一个项目中，随着消费者数量的增加和破坏性修改次数的增加，情况开始变得有些混乱。事实上，我们同时维护了三个版本的接口，当然不推荐这样做！维护多份代码及相关的测试完全是额外的负担。为了使其更可控，我们在内部把所有对 V1 的请求进行转换处理，然后去访问 V2，继而 V2 再去访问 V3。使用这种方式后，以后应该删除哪些代码也就比较清楚了。

这其实就是一个扩展 / 收缩模式的实例，它允许我们对破坏性修改进行平滑的过度。首先扩张服务的能力，对新老两种方式都进行支持。然后等到老的消费者都采用了新的方式，再通过收缩 API 去掉旧的功能。

如果采用这种不同版本接口共存的方式，你需要一种方法来对不同的请求进行路由。对于使用 HTTP 的系统来说，可以在请求中添加版本信息，也可以将其添加在 URI 中，比如 /v1/customer/ 和 /v2/customer/。我也很犹豫采用哪种方法。一方面，我不希望客户端的代码对 URI 模板进行硬编码；但从另一方面来看，这种方法确实非常明确，请求路由也比较容易。

对于 RPC 来说，事情会更加棘手。我以前使用过 protocol buffers 来把方法放到不同的命名空间中。比如 v1.createCustomer 和 v2.createCustomer。但是当你尝试在网络上对相同类型的不同版本进行传输时，就会非常痛苦。

4.13.5　同时使用多个版本的服务

另一种经常被提起的版本管理的方法是，同时运行不同版本的服务，然后把老用户路由到老版本的服务，而新用户可以看到新版本的服务，如图 4-6 所示。当改变老用户的代价过高时，Netflix 会保守地采用这种方式，尤其在某些场景下，遗留的设备会与老版本的 API 强行绑定。我个人不太喜欢这个想法，也理解为什么用 Netflix 的很少。首先，如果我需要修复一个服务内部的 bug，需要修复两个版本，并做两次部署。而且我很可能也需要在代码库中拉分支，这无疑会引入很多问题。其次，把用户路由到正确的服务中去也是一件比较复杂的事情。想要实现这一点，要么寻求中间件的帮助，要么自己写很多的 nginx 脚本，但这样做的话系统会难以理解和管理。最后，考虑服务中可能需要管理的持久化状态。不同版本的服务创建的用户，都需要被存储在同一个数据库中，并且它们对于不同的服务均可见，这可能会引入更多的复杂性。

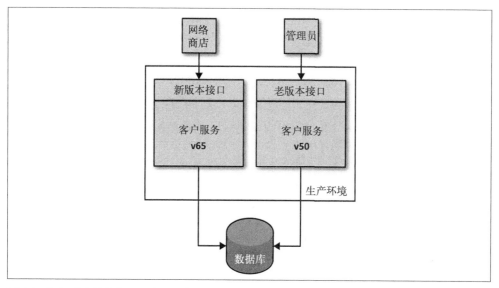

图 4-6：运行多个版本的同一个服务来支持老的接口

短期内同时使用两个版本的服务是合理的，尤其是当你做蓝绿部署或者金丝雀发布时（第 7 章会详细讨论这些模式）。在这些情况下，不同版本的服务可能只会共存几分钟或者几个小时，而且一般只会有两个版本。升级消费者到新版本的时间越长，就越应该考虑在同一个微服务中暴露两套 API 的做法。我对于共存两个服务的这种做法，是否适用于一般的项目保持怀疑态度。

4.14　用户界面

到目前为止还没有提及用户界面。有些人可能会向客户提供又冷又硬的试验性 API，但更多的人会尝试创建漂亮的、工作良好的用户界面来满足客户。但最重要的其实是，考虑该界面是否能够很好地支持服务之间的集成。毕竟用户界面是连接各个微服务的工具，而只有把各个服务集成起来才能真正地为客户创造价值。

当我刚开始进入这个行业时，做的大多是一些桌面端运行的胖客户端。为了能让软件尽可能好用，我花费了很多时间。一开始用的是 Motif，后来改成了 Swing。这些系统经常做的事情就是创建和修改本地文件，但是很多软件也有服务端的组件。我在 ThoughtWorks 的第一份工作就是，基于 Swing 开发 POS 机系统，当然这个系统也仅仅是另一个更大的系统的一部分而已，而这些系统大部分都在服务端。

然后 Web 时代到来了。我们开始考虑是否应该让 UI 变得比较薄，而把更多的逻辑放在服务端。刚开始，服务端程序会渲染好整个页面，然后一次性发送回客户端的浏览器，所以浏览器端要做的事情就很有限。用户通过点击链接或者填写表单来触发一些 GET 和 POST 请求，从而把事情交给服务端处理。随着时间的推移，基于浏览器的 UI 更多地采用 JavaScript 来添加动态行为，有些应用程序已经开始变得跟老式的桌面客户端一样臃肿了。

4.14.1　走向数字化

在过去几年中，很多组织开始认为，不应该对网页端和移动端区别对待，相反应该对数字化策略做全局考虑，即如何让客户更好地使用我们的服务。这对系统架构又有什么样的影响呢？由于很难预测用户会怎样使用我们的 API，所以很多公司会倾向于把 API 设计得比较细粒度化，比如使用微服务架构所暴露出来的那些 API。通过把服务的功能进行不同的组合，可以为桌面应用程序、移动端设备、可穿戴设备的客户提供不同的体验，如果客户来到实体店，甚至还可以通过这种组合提供更加真实的体验。

从组合的角度来考虑用户界面，如果把我们提供的能力看成是不同的绳索，组合就是把它们编织起来。那么如何才能将其很好地编织起来呢？

4.14.2　约束

在用户与系统之间，需要考虑不同的交互形式中存在的一些约束。比如在桌面 Web 应用中，需要考虑与用户浏览器及屏幕解析度相关的约束。但移动端会带来一些新的约束。移动应用与服务器之间不同的通信方式会产生不同的效果。移动网络的带宽可能会有一定的限制，但并非仅有的限制。有些交互方式可能会导致电池电量消耗过快，从而导致客户的流失。

在不同的平台上与应用程序的交互方式也有所不同。比如我们很难在平板上进行右击操作，而大多数情况，在手机上应该可以使用单手进行操作，其中大部分的操作应该使用拇指进行控制。而在带宽情况不够好的地方，可以允许人们通过短信与服务进行交互。比如在很多发展中国家，短信作为应用程序入口的做法还是很普遍的。

所以，尽管我们的核心服务可能是一样的，但仍需要应对不同应用场景的约束。在考虑不同风格的用户界面组合时，需要保证它们做到了这一点。接下来看几个用户界面的例子。

4.14.3　API组合

假设我们的服务彼此之间已经通过 XML 或者 JSON 通信了，那么可以让用户界面直接与这个 API 进行交互，如图 4-7 所示。一个基于 Web 的 UI 可以使用 JavaScript 的 GET 请求来获取数据，及通过 POST 请求来更改数据。即使原生移动应用也可以很容易地使用 HTTP。然后 UI 会创建不同的组件来处理与服务之间状态的同步等工作。使用二进制协议作为服务之间的通信方式，对于基于 Web 的客户端可能会不太友好，但对于原生移动设备来说是可接受的。

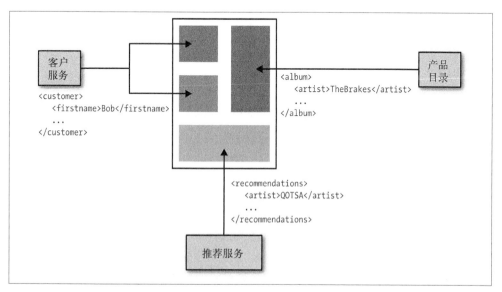

图 4-7：使用多个 API 来表示用户界面

这种方式有一些问题。首先很难为不同的设备定制不同的响应。比如，移动商店所需的数据和帮助台应用所需的数据就有可能不同。一个解决方案是，允许客户指定它想要哪些字段，但这就需要每个服务都支持这种交互方式。

另一个关键的问题是：谁来创建用户界面？维护服务的人往往不是服务的使用者。举个例子，如果 UI 是另一个团队创建的，我们可能会退回到以前那种分层合作模式，在这种模式下即使很小的修改都需要多个团队的参与。

这种通信模式非常繁琐。与服务之间过多的交互对移动设备来说会有些吃力，而且对使用流量套餐的用户来说也很不利！使用 API 入口（gateway）可以很好地缓解这一问题，在这种模式下多个底层的调用会被聚合成为一个调用，当然它也有一定的局限性，后面会做讨论。

4.14.4　UI片段的组合

相比 UI 主动访问所有的 API，然后再将状态同步到 UI 控件，另一种选择是让服务直接暴露出一部分 UI，然后只需要简单地把这些片段组合在一起就可以创建出整体 UI，如图 4-8 所示。举个例子，推荐服务可以提供一个嵌入到其他 UI 控件中的推荐窗口控件。比如在网页上就可以嵌入这样一个控件。

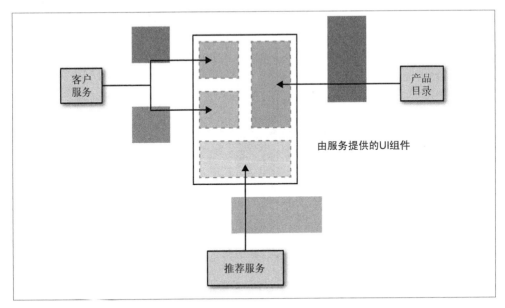

图 4-8：服务直接提供 UI 组件以供组装之用

这种方式有一个工作得很好的变种，即将一系列粗粒度的 UI 部分组装起来。也就是说不再创建小部件，而是对胖客户端应用的所有内容或一个网站的所有页面进行组装。

这些粗粒度的片段由服务端程序提供，而这些程序又会去调用相关的 API。当片段与团队所有权匹配得比较好时，这个模型可以很好地进行工作。比如，也许音乐商店的订单管理团队可以对所有与订单管理相关的页面负责。

你仍然需要某种组装层来把这些片段拉到一起，可以使用类似服务端模板的技术轻松地做到。或者当你从很多不同的应用拉取页面时，需要某种智能的 URI 路由。

这种方式的一个关键优势是，修改服务团队的同时可以维护这些 UI 片段。它允许我们快速完成修改，但这种方式也有一些问题。

首先，保证用户体验的一致性很重要。用户想要一个无缝的体验，而不是在应用的不同部分得到不同感受及设计语言。然而有一些技术可以避免这些问题，比如活样式指导（living style guides），即将 HTML 组件、CSS 及图片等资源进行共享，从而使其具有一定程度的一致性。

接下来的问题比较棘手。原生应用和胖客户无法消费服务端提供的 UI 组件。一种解决方法是，使用混合方式在原生应用中嵌入 HTML 来重用一些服务端组件，但这种方式会使用户体验欠佳。如果你需要的是原生应用的体验，那就必须自己对 API 进行请求，然后在本地创建和管理 UI。但即使只考虑基于 Web 的 UI，不同的设备也会有不同的需求。当然响应式组件能够很好地缓解这个问题。

还有一个问题，我不确定是否能够用这个方法解决。有时候服务提供的能力难以嵌入到小部件或者页面中。虽然我可能会在网站页面的一个矩形区域中使用嵌入式的推荐服务控件，但是如果想要把这种能力动态加载到其他地方呢？比如做搜索时，我希望在键入关键字时推荐信息可以自动刷新。类似这样，交互越多就越难把一个服务做成控件的形式，也许最终只能通过 API 调用来解决问题。

4.14.5　为前端服务的后端

对与后端交互比较频繁的界面及需要给不同设备提供不同内容的界面来说，一个常见的解决方案是，使用服务端的聚合接口或 API 入口。该入口可以对多个后端调用进行编排，并为不同的设备提供定制化的内容，如图 4-9 所示。该入口如果变得太厚，包含的逻辑太多，就会难以维护。它们会被逐渐交由单独的团队来管理，并且因为它们变得太厚，很多功能的修改都会导致这部分代码的修改。

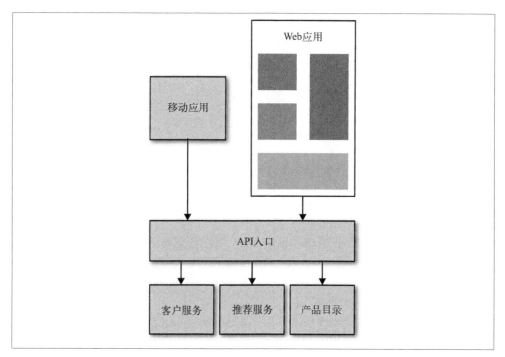

图 4-9：使用单块入口来处理与 UI 之间的交互

这样做会得到一个聚合所有服务的巨大的层。由于所有的东西都被放在了一起，也就失去了不同用户界面之间的隔离性，从而限制了独立于彼此进行发布的能力。我个人比较喜欢的模式是，保证一个这样的后端只为一个应用或者用户界面服务，如图 4-10 所示。

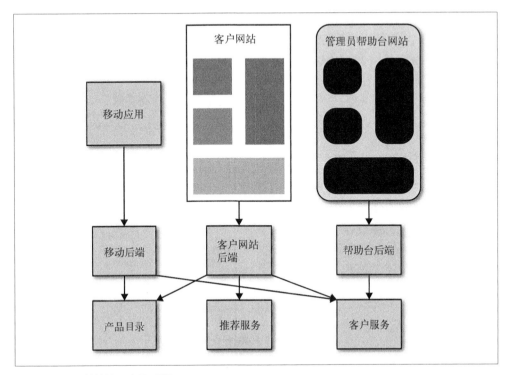

图 4-10：对于前端使用专用后端

这种模式有时也叫作 BFF（Backends For Frontends，为前端服务的后端）。它允许团队在专注于给定 UI 的同时，也会处理与之相关的服务端组件。后端虽然嵌入在服务端，但它也是用户界面的组成部分。一些类型的 UI 只需要服务端的最小化足迹（footprint）即可，而其他一些可能需要的更多。API 认证和授权层可以处在 BFF 和 UI 之间。第 9 章会进一步探索这部分内容。

与任何一种聚合层类似，使用这种方法的风险在于包含不该包含的逻辑。业务逻辑应该处在服务中，而不应该泄露到这一层。这些 BFF 应该仅仅包含与实现某种特定的用户体验相关的逻辑。

4.14.6　一种混合方式

前面提到的那些选择各自都有其适用的范围。一个组织会选择基于片段组装的方式来构建网站，但对于移动应用来说，BFF 可能是更好的方式。关键是要保持底层服务能力的内聚性。比如，预定音乐和改变客户信息的逻辑应该处在相应的服务中，避免这些逻辑在系统中到处散布。将太多的逻辑放入到刚才提到的那种中间层中是一个常见的陷阱，在实际中需要非常小心地做权衡来避免这个问题。

4.15　与第三方软件集成

前面提到的拆分已有系统的方式针对的是我们自己开发的系统，但如果需要处理那些不受我们控制的系统呢？由于种种原因，和我们一起工作的组织都购买了 COTS 或者利用 SaaS（Software as a Service，软件即服务平台），而通常我们对这些系统的控制力都很有限。那么如何合理地与之进行集成呢？

如果你正在阅读此书，那么你很有可能工作在一个需要写代码的组织中。你可能为内部或者外部的用户编写软件，或者两者皆有。不管怎样，即使你所在的组织拥有很强的定制化软件开发的能力，你还是需要外部组织提供的商业或者开源软件产品。为什么会这样呢？

第一，你的组织对软件的需求几乎不可能完全由内部满足。考虑你使用的所有产品，从类似 Excel 的办公自动化工具到操作系统，再到工资系统。自己创建所有这些产品的工作量是巨大的。第二，也是最重要的一点是，这样做非常低效！自己构建邮件系统的代价要远远大于使用现成的工具，即使选用的是商业工具。

我的客户经常纠结这样的问题："应该自己做，还是买？"一般来讲，我和同事的建议是，对于一般规模的组织来说，如果某个软件非常特殊，并且它是你的战略性资产的话，那就自己构建；如果不是这么特别的话，那就购买。

举个例子，一般规模的组织不会把工资系统当作它的战略性资产，因为全世界的人领工资的方式都大同小异。类似地，大部分组织倾向于购买现成的 CMS（Content Management System，内容管理系统），因为这一类工具对它们的业务来说并不是那么关键。我参与过 Guardian 网站的早期构建工作，定制的内容管理系统对于新闻行业来说非常关键，所以他们决定自己构建。

所以，使用一些商业的第三方软件是合情合理的，但很多人会逐渐开始咒骂这些系统，这又是为什么呢？

4.15.1　缺乏控制

使用类似 CMS 和 SaaS 这样的 COTS 产品会面临的一个挑战是，如何与之进行集成并对其进行扩展，因为大部分技术决策都不受你的控制。如何与该工具进行集成？厂家决定的。使用什么编程语言对其进行扩展？也取决于厂家。你是否能够把该工具的配置文件存到版本管理中，然后在持续集成中重新创建和配置该工具？这依赖于厂家所做的决定。

如果你足够幸运，从开发的角度使用该工具的难易程度会成为工具选择流程中的一个考虑因素。但即便如此，你还是放弃了一部分控制。所以更好的方式是，尽量把集成和定制化的工作放在自己能够控制的部分。

4.15.2　定制化

很多企业购买的工具都声称可以为你做深度定制化。一定要小心！这些工具链的定制化往往会比从头做起还要昂贵！如果你决定购买一个产品，但是它提供的能力不完全适合你，也许改变组织的工作方式会比对软件进行定制化更加合理。

内容管理系统能够很好地说明这种危险。我用过的很多 CMS 工具设计上就不支持持续集成，其提供的 API 非常难用，并且底层工具很小的升级都会破坏你做的那些定制化。

Salesforce 的问题尤其突出。这么多年来它一直在推 Force.com 平台，而这个平台需要使用一种叫作 Apex 的语言，该语言只能应用在 Force.com 的生态系统中。

4.15.3　意大利面式的集成

另一个挑战是如何与工具进行集成。如前面讨论过的，服务之间的集成是一件非常重要的事情，理想情况下应该存在一些为数不多的标准化集成方式。但如果一个产品决定使用专有的二进制协议，另一个使用 SOAP，还有一个使用 XML-RPC，你该怎么办？更糟糕的是，那些允许你直接访问其内部数据存储的工具，会引入前面讨论过的那些耦合问题。

4.15.4　在自己可控的平台进行定制化

COTS 和 SAAS 产品当然是有用的，但不适用于重头开始构建系统的场景（或者说这么做不合理）。那么如何解决这些挑战呢？关键是把事情移到自己可控的部分做。

核心思想是，任何定制化都只在自己可控的平台上进行，并限制工具的消费者的数量。为了更好地理解这个概念，接下来看两个例子。

1. 例子：CMS作为服务

从我的经验来看，CMS 是一个最经常需要做定制化或者与之集成的产品。因为除非你想要的是基本的静态站点，否则一般的企业都希望在自己的网站上提供动态内容，比如客户信息或最新的产品。这些动态内容的来源通常是组织内已经存在的其他服务。

CMS 最常见的卖点是，你可以对其进行定制化，从而把各种特殊的内容放进来并显示给外部世界。然而普通的 CMS 开发环境通常都非常糟糕。

普通的 CMS 提供的主要功能是内容的创建与管理。大多数 CMS 甚至连页面布局都做不好，它们通常只提供一些可拖拽的工具，然而这并不能满足你的需求，你还需要一些懂 HTML 和 CSS 的人来好好调整 CMS 模板。在其之上开发定制化代码将会是非常糟糕的体验。

那么到底应该怎么办呢？你可以选择在 CMS 上面套一层自己的服务作为对外的网站，如图 4-11 所示。这时 CMS 就成为了一个服务，其职责是管理内容的创建和获取。在自己写的那个前端服务中，你可以按照自己的方式来写代码和做集成。你对网站的扩展具有很好的控制力（很多商业 CMS 提供了自己专用的插件来处理负载），那么就可以使用更合理的模板系统。

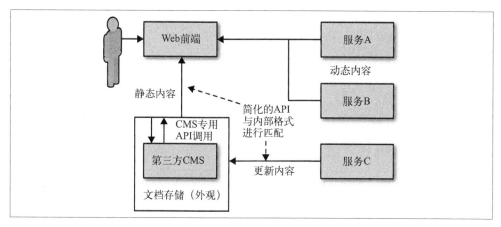

图 4-11：使用 CMS 把你自己的服务隐藏起来

大多数 CMS 还提供了创建内容的 API，所以你可以选择把创建的这部分也使用自己的服务包裹一层。在曾经做过的一些项目中，我们甚至使用过一个外观（façade）对获取内容的 API 进行抽象。

前几年，在 ThoughtWorks 这种模式应用得很广泛，光是我自己就做过不止一次。一个值得注意的例子是这样的：一个客户想要为他的产品制作一个网站，刚开始他想完全在 CMS 上构建这套系统，但还没确定使用哪个。就在这时我们建议了这种方式，然后开始构建前端网站。在 CMS 选定之前，用一个假的静态内容服务来替代它。后来甚至在 CMS 确定之前，直接在生产环境使用了该静态内容服务。等到 CMS 终于选好了之后，没有做任何修改就顺利地把原来的服务给替换掉了。

这种方法可以最大程度地限制 CMS 的使用范围，并把定制化的工作移到你自己的技术栈中。

2. 例子：多职责的CRM系统

我们还经常会遇到 CRM（Customer Relationship Management，客户关系管理）工具，即使最坚强的架构师也会对它感到恐惧。这个行业的主要厂家包括 Salesforce 和 SAP，这些工具试图为你包揽所有的事情。所以这些工具可能会出现单点失败，并且还可能会变成一团乱七八糟的依赖。我见过的很多 CRM 工具的实现都是粘性（内聚性的反方向）服务的典范。

这种工具的使用范围往往一开始会比较小，但随着时间的发展它会在你的组织中变得越来越重要，以至于后续的方向和选择都会围绕它来做。但这么重要的系统竟然不是自己做的，而是第三方厂家提供的，这是个很严重的问题。

我最近在做的一件事情就是夺回控制权。我所服务的组织意识到虽然很多事情都使用CRM在管理，但是这个平台并没有带来与其代价相对应的收益。与此同时，很多内部系统都在使用CRM提供的差强人意的API来做集成。我们希望对系统架进行演化，使用自己的服务来对业务进行建模，从而为潜在的迁移打下基础。

我们做的第一件事情是，识别出正在被CRM系统控制的核心领域概念。其中之一是"项目"的概念，员工会被分配到不同的项目上。由于多个其他的系统需要项目的信息，所以我们就创建了项目服务。这个服务将项目以RESTful资源的形式暴露出来，外部系统可以把它们的集成点迁移到这个新的、易用的服务上来，而这个项目服务仅仅是隐藏了底层的集成细节而已。如图4-12所示。

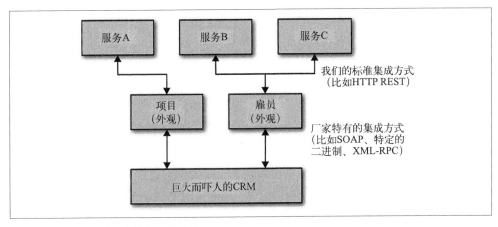

图4-12：使用外观服务来隐藏底层的CRM

在本书写作时，这项工作还在继续进行中。持续识别出其他CRM管理的领域概念，然后在其之上封装出外观。等到迁移时机到来时，可以查看每一个外观来决定，是自己编写软件还是使用一些现成的方式来完成这些工作。

4.15.5　绞杀者模式

你通常难以完全控制遗留系统和COTS平台，所以当你使用它们时要考虑如果需要移除或者绕过它们的话，应该如何操作。一个有用的模式叫作绞杀者模式（Strangler Application Pattern）。与在CMS系统前面套一层自己的代码非常类似，绞杀者可以捕获并拦截对老系统的调用。这里你就可以决定，是把这些调用路由到现存的遗留代码中还是导向新写的代码中。这种方式可以帮助我们逐步对老系统进行替换，从而避免影响过大的重写。

在微服务的上下文中，通常不会使用单一的单块应用来拦截所有对已有遗留系统的调用，相反你可能会使用一系列的微服务来实施这些拦截。在这种情况下，捕获并重定向这些原始调用可能会变得更加复杂，可能需要使用一个代理来为你做这些事情。

4.16 小结

前面了解了很多不同的集成选择，我也谈了什么样的选择能够最大程度地保证微服务之间的低耦合：

- 无论如何避免数据库集成
- 理解 REST 和 RPC 之间的取舍，但总是使用 REST 作为请求 / 响应模式的起点
- 相比编排，优先选择协同
- 避免破坏性修改、理解 Postel 法则、使用容错性读取器
- 将用户界面视为一个组合层

这里覆盖了很多内容，每个话题都不可能讲得非常深入。但起码你知道有哪些点需要学习，以及正确的方向是什么，这对你的进一步学习很有帮助。

我们也花了一些时间来研究如何应对那些不完全受控的系统，比如 COTS 产品。细想一下你会发现，这些原则也很容易应用到我们自己编写的软件中。

这里列出的一些方法，对遗留系统来说同样好用，但是如果我想要把一个大系统分解成为可重用的小系统，应该怎么做呢？下一章会着重讲解这个问题。

第 5 章

分解单块系统

前面几章讨论了什么是好的服务以及为什么小服务能达到更好的效果，还讨论了系统具有可演化性的重要性。但事实上，可能我们手中已经有了很多代码库，而它们无一例外都没有遵循上述的模式。如何才能循序渐进地把一个单块系统分解开来呢？

单块系统的形成非一日之功。开发人员每天都对系统添加新功能和新代码。一段时间之后，它变成了组织中一个恐怖而巨大的存在，没人想去修改它。但别担心，它并不是无可救药。只要使用了正确的工具，我们就可以手刃这个怪兽。

5.1　关键是接缝

在第 3 章中我们提到了服务应该是高内聚、低耦合的。而在单块系统中，这两点往往都会被破坏。我们应该只把经常一起变化的部分放在一起，从而实现内聚性，但是在单块系统中，所有不相关的代码都被放在了一起。类似地，松耦合也不复存在：修改一行代码很容易，但是无法保证这一行修改不会对单块系统中的其他部分造成影响。除此之外，为了发布这个功能，我们还需要把整个系统重新部署一次。

在《修改代码的艺术》这本书中，Michael Feathers 定义了接缝的概念，从接缝处可以抽取出相对独立的一部分代码，对这部分代码进行修改不会影响系统的其他部分。识别出接缝不仅仅能够清理代码库，更重要的是，这些被识别出的接缝可以成为服务的边界。

那么什么样的接缝才是好接缝呢？如前面讨论过的，限界上下文就是一个非常好的接缝，因为它的定义就是组织内高内聚和低耦合的边界。所以第一步是开始识别出代码中的这些边界。

很多编程语言都提供了命名空间的概念，来帮助我们把相似的代码组织到一起。Java 中包（package）的概念是一个非常弱的例子，但能够满足大部分的使用场景。其他所有的主流语言也内建有类似的概念，而 JavaScript 是个例外。

5.2　分解MusicCorp

想象一下，现在有一个巨大的后台单块服务，其中包含了 MusicCorp 在线音乐系统所需要的所有行为。首先，我们应该识别出组织中的高层限界上下文，这一点在第 3 章中已经讨论过了。然后，尝试理解这个单块系统能够被映射到哪些限界上下文中。假设一开始我们识别出这个单块后台系统包含以下四个上下文。

- 产品目录
  与正在销售的商品相关的元数据。

- 财务
  账户、支付、退款等项目的报告。

- 仓库
  分发客户订单、处理退货、管理库存等。

- 推荐
  该系统的算法正在申请专利。它是革命性的推荐系统，代码非常复杂。该团队中博士的比例，比一般科学实验室的还要高。

首先创建包结构来表示这些上下文，然后把已有的代码移动到相应的位置。可以使用现代 IDE 的重构功能来自动完成这些代码移动，而且你也不用专门抽时间做这些事情，在做其他功能时穿插一些这部分工作即可。虽然 IDE 很智能，但还需要有测试来捕获任何可能的破坏性修改，尤其是对动态语言来说，因为 IDE 很难完全精准地对它们进行重构。过一段时间之后，就可以看到哪些代码很好地找到了自己的位置，而哪些代码找不到合适的位置。这些剩下的代码很有可能就是我们遗漏掉的限界上下文。

在这个过程中，我们还会使用代码来分析这些包之间的依赖。代码应该与组织相匹配，所以表示限界上下文的这些包之间的交互，也应该与组织中不同部分的实际交互方式一致。比如像 Structure 101 这样的工具，就能可视化包之间的依赖。举个例子，如果发现仓库包依赖于财务包中的代码，而真实的组织中并不存在这样的依赖，那么就需要看看到底是什么问题，并想办法解决它。

根据代码库大小的不同，这个过程少则需要一个下午，多则需要几周甚至几个月。在分离出第一个服务之前，你可能不需要完全把代码按照面向领域的方式组织起来。事实上，把精力集中在一个地方通常更有价值。这个过程也不需要一次性做完，可以一天天、一点点地进行，很多有用的工具可以帮我们对这个过程进行跟踪。

现在你的代码库已经围绕着这些接缝进行组织了，下一步呢？

5.3　分解单块系统的原因

决定把单块系统变小是一个很好的开始。但我强烈建议你慢慢开凿这些系统。增量的方式可以让你在进行的过程中学习微服务，同时也可以限制出错所造成的影响（相信我，你一定会犯错的！）。把单块系统想象成为一块大理石，我们可以把整块石头炸开，但这样做的结果通常不好。增量开凿的方式更合理。

所以如果我准备开始对单块系统做分离，要从哪里下手呢？接缝已经找到了，那么应该先把哪个拉出来呢？最好考虑一下把哪部分代码抽取出去得到的收益最大，而不是为了抽取而抽取。接下来考虑一些指导因素。

5.3.1　改变的速度

接下来，我们可能会对库存管理方面的代码做大量修改。所以如果现在把仓库接缝抽出来作为一个服务，使其成为一个自治单元，那么后期开发的速度将大大加快。

5.3.2　团队结构

MusicCorp 的交付团队事实上分布在两个不同的地区，一个团队在伦敦，另一个在夏威夷（有些人太舒服了！）。最好能把夏威夷团队维护的大部分代码分离出来，这样它们就能对此全权负责。第 10 章会进一步讨论这个想法。

5.3.3　安全

MusicCorp 有安全审计的机制，并且决定对敏感信息做更加严密的保护。目前这部分功能由财务相关的代码处理。如果把这个服务分出去，可以对这个独立的服务做监控、传输数据的保护和静态数据的保护等，第 9 章会对此做进一步阐述。

5.3.4　技术

维护推荐系统的团队研究出了一种新的算法，这种算法使用了 Clojure 语言中逻辑式编程的库，并且认为这能够大大改善我们的服务。如果能把这部分推荐代码分离到一个单独的服务中，就很容易重新实现一遍，并对其进行测试。

5.4 杂乱的依赖

当你已经识别出了一些备选接缝，另一个需要考虑的点是，这部分代码与系统剩余部分之间的依赖有多乱。我们想要拉取出来的接缝应该尽量少地被其他组件所依赖。如果你识别出来的几个接缝之间可以形成一个有向无环图（前面提到的包建模工具可以对此提供帮助），就能够看出来哪些接缝会比较难处理。

通常经过这样的分析就会发现，数据库是所有杂乱依赖的源头。

5.5 数据库

前面详细讨论了使用数据库作为服务之间集成方式的做法。而且我已经非常明确地表示我不喜欢这么做！这意味着需要找到数据库中的接缝，这样就可以把它们分离干净。然而数据库是一个棘手的怪物。

5.6 找到问题的关键

第一步是看看代码中对数据库进行读写的部分。通常这部分代码会存在于一个仓储层中，其中会使用某种框架，比如 Hibernate，来把代码和数据库进行绑定，从而简化对象和数据库之间的读写操作。如果前面讲的东西你都有了，那么你的代码应该已经按照限界上下文被组织到相应的包中了。对于数据库访问相关的代码来说，也应该做类似的事情，所以需要把仓储层的代码分成几部分，如图 5-1 所示。

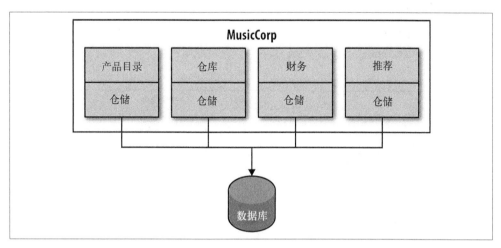

图 5-1：分离仓储层

把数据库映射相关的代码和功能代码放在同一个上下文中，可以帮助我们理解哪些代码用到了数据库中的哪些部分。如果使用 Hibernate 的话，可以针对每个限界上下文写一个映射文件。

然而这还远远没有结束。比如我们可能会发现财务代码使用了总账表，产品目录代码使用了行条目表，但是你可能不清楚的是，数据库中还存在从总账到行条目的外键约束。这些数据库级别的约束可能会有问题，所以需要使用其他的工具来可视化这些数据。SchemaSpy 就是一个这样的工具，它可以使用图形的方式展现出表之间的关系。

很多表最终会被分离到不同的限界上下文中，而上述的这个工具可以帮助你理解，这些横跨不同上下文的表之间存在什么样的耦合。那么如何切断这些连接呢？对于同一张表被多个限界上下文使用的场景又该如何处理呢？这些问题很难回答，但还是存在很多种不同的处理方式。

回到一些比较实际的例子，重新考虑 MusicCorp。前面已经找到了四个限界上下文，接下来可以把它们分解开来，使其成为相互协作的服务。接下来看看，可能会遇到哪些问题以及如何处理。虽然下面讨论问题的背景是关系型数据库，但其中很多原则也适用于其他的 NoSQL 存储。

5.7　例子：打破外键关系

在这个例子中，产品目录部分的代码使用通用的行条目表来存储专辑信息，而财务部分的代码使用总账表来跟踪财务事务。每个月结束的时候，需要为组织内的一些人生成一份报告，从而让大家知道我们做得怎么样。我们希望这个报告看起来很漂亮且易于阅读，所以它的内容不应该像这个样子："我们卖了 400 份 SKU 12345 的副本，挣了 1300 美元"，而应该包含更多信息说明我们卖的到底是什么（比如"我们卖了 400 份 Bruce Springsteen 的 Greatest Hits，挣了 1300 美元"）。为了做到这一点，财务包中生成报告的代码，需要从行条目表中获取 SKU 的标题。总账表和行条目表之间可能还存在外键约束，如图 5-2 所示。

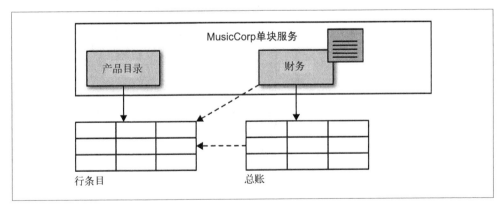

图 5-2：外键关系

那应该如何处理这些问题呢？事实上有两处需要改动。首先要去除财务部分的代码对行条目表的访问，因为这张表属于产品目录相关的代码，所以当产品目录服务分离出去以后，财务和产品目录两部分代码就会不可避免地使用数据库进行集成。快速的修改方式是，让财务部分的代码通过产品目录服务暴露的 API 来访问数据，而不是直接访问数据库。这个API 调用会成为微服务化的第一步，如图 5-3 所示。

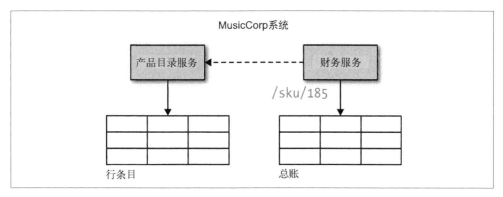

图 5-3：外键关系的后去除

现在你会发现一个事实：你需要做两次数据库调用来生成报告。没错，做成两个独立的服务之后也会是这样。这时很多人就会对性能表示担忧。我对这些担忧给出的答案很简单：你的系统需要多快？系统现在是多快？如果能够对当前性能做一个测试，并且还知道你的期望是什么，那就可以放心地做这些修改。有时候让系统的一部分变慢会带来更大的好处，尤其是当这个"慢"事实上还在可接受的范围内时。

那外键关联怎么办？我们也只能放弃它了。所以你可能需要把这个约束从数据库移到代码中来实现。这也就意味着，我们可能需要实现跨服务的一致性检查，或者周期性触发清理数据的任务。这样做与否通常不由技术专家决定。举个例子，如果订单服务包含产品目录项的 ID 列表，那么当产品目录项被删除，而一个订单项却指向该不合法的产品目录 ID时，该如何处理呢？应该允许这样的事情发生吗？如果允许了，订单又应该显示成什么样子呢？如果不允许，那么如何检查这个约束是否被破坏了呢？事实上，首先应该知道系统的期望行为是什么，然后再根据期望行为做决定。

5.8 例子：共享静态数据

我见过的把国家代码放在数据库中（如图 5-4 所示）的次数，大约和我在内部 Java 项目中编写 StringUtils 类的次数一样多。这似乎暗示着，系统中所支持国家的改变频率比部署新代码的频率还要高，但不管真正的原因是什么，这些将共享静态数据存在数据库中的例子非常多。所以在我们的音乐商店中，如果所有的服务都要从同一张像国家这样的表中读取数据，该怎么办呢？

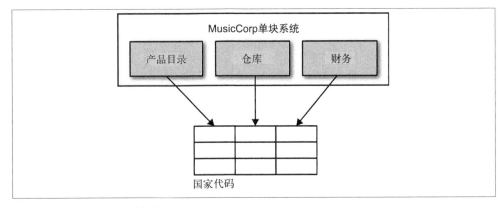

图 5-4：将国家代码存入数据库

有这么几个解决方案可供选择。第一个是为每个包复制一份该表的内容，也就是说，未来每个服务也都会保存这样一份副本。当然这会导致一个潜在的一致性问题。比如说，当澳大利亚东海岸新成立了一个国家叫作 Newmantopia，你有可能会漏修改掉一些服务中的表。

第二个方法是，把这些共享的静态数据放入代码，比如放在属性文件中，或者简单地放在一个枚举中。数据一致性的问题仍然存在，虽然从经验上看，修改配置文件比修改在线数据库要简单得多。通常这是比较合理的办法。

第三个方法有些极端，即把这些静态数据放入一个单独的服务中。在我以前遇到过的一些场景中，数据量和复杂性及相关的规则值得我们这样做，但如果仅仅是国家代码的话就不必了。

从个人经验来看，大部分场景下，都可以通过把这些数据放入配置文件或者代码中来解决问题，而且它对于大部分场景来说都很容易实现。

5.9　例子：共享数据

现在来考虑一个更为复杂的例子，共享的可变数据对于分离系统来说通常是一个大麻烦。财务代码会追踪客户产生的订单信息，同时也会追踪退货和退款。仓库代码也会在客户订单被分发或者接受之后更新订单信息。所有的这些数据都会在网站某个地方统一显示出来，这样客户就可以看到他们的账户活动记录。为简单起见，我们把所有这些信息都放在了通用的客户表中，如图 5-5 所示。

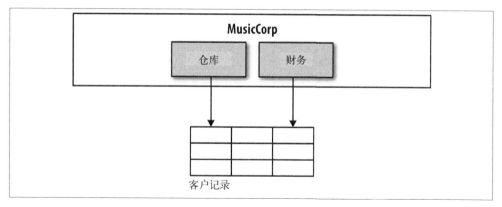

图 5-5：访问客户数据：我们漏掉什么了吗？

所以，无论是财务相关的代码还是仓库相关的代码，都会向同一个表写入数据，有时还会从中读取数据。在这种情况下应如何做分离？其实这种情况很常见：领域概念不是在代码中进行建模，相反是在数据库中隐式地进行建模。这里缺失的领域概念是客户。

需要把抽象的客户概念具象化。作为一个中间步骤，我们可以创建一个新的包，叫作 Customer。然后让财务和仓库这些包，通过 API 来访问此新创建的包。按照这个思路做下去，最终可以得到一个清晰的客户服务（图 5-6）。

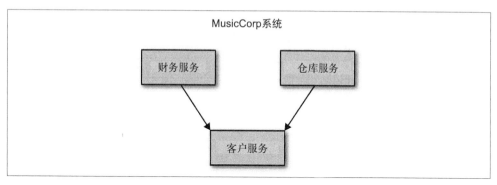

图 5-6：识别出客户的限界上下文

5.10 例子：共享表

图 5-7 展示的是最后一个示例。产品目录需要存储记录的名字和价格，而仓库需要保存仓储的电子记录。最初我们把这两个东西放在了同一个地方，即比较通用的行条目表。当把代码全都放在一起时，事实上很难意识到我们把不同的关注点放在了一起，但现在问题就很明显了。接下来，就可以采取行动把它们存储在不同的表中。

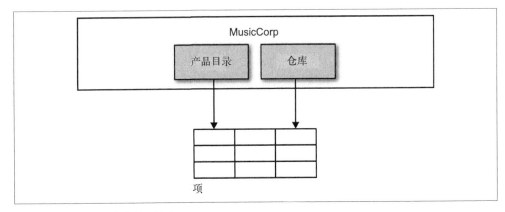

图 5-7：在不同上下文中共享的表

这里的答案是分成两个表，如图 5-8 所示。可以对仓库创建库存项表，对产品目录详情创建产品目录项表。

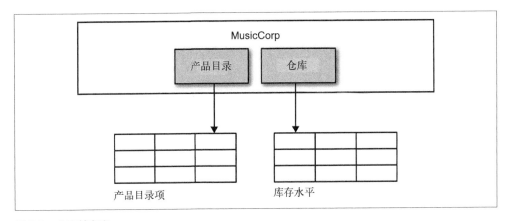

图 5-8：分离共享表

5.11　重构数据库

在上一个示例中，我们进行了数据库的重构操作，这种操作可以帮助我们分离数据库结构。如果你想更多地了解这个话题，可以看看 Scott J. Ambler 和 Pramod J. Sadalage 编写的《数据库重构》。

实施分离

我们已经找到了应用程序中的接缝，按照限界上下文对它们进行分组，并且也找到了数据库中的接缝，尽量对其进行了分离。然后呢？你想要在一次发布中把单块服务直接变成两个服务，并且每个服务有各自的数据库结构吗？事实上，我会推荐你先分离数据库结构，暂时不对服务进行分离，如图 5-9 所示。

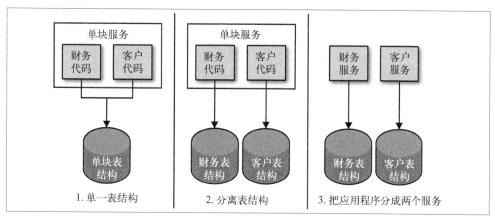

图 5-9：逐步对服务进行分离

表结构分离之后，对于原先的某个动作而言，对数据库的访问次数可能会变多。因为以前简单地用一个 SELECT 语句就能得到所有的数据，现在则需要分别从不同的地方拿到数据，然后在内存中进行连接。还有，分成两个表结构会破坏事务完整性，这会对应用程序造成很大的影响，后面会对此进行详细讨论。先分离数据库结构但不分离服务的好处在于，可以随时选择回退这些修改或是继续做，而不影响服务的任何消费者。我们对数据库分离感到满意之后，就可以考虑对整个应用程序的分离了。

5.12 事务边界

事务是很有用的东西，它可以保证一些事件要么都发生，要么都不发生。在插入数据库时这一点非常有用，因为它允许我们对多个表同时进行修改，而且一旦发生任何错误，所有的操作都会被回退，从而保证数据库不会处于一个不一致的状态。简单地说，一个事务可以帮助我们的系统从一个一致的状态迁移到另一个一致的状态：要么全部做完，要么什么都不变。

事务不仅仅存在于数据库中，尽管这个词大多数是在这个上下文中使用。举个例子，消息代理就允许你在一个事务中提交和接收数据。

使用单块表结构时，所有的创建或者更新操作都可以在一个事务边界内完成。分离数据库之后，这种好处就没有了。下面考虑一个 MusicCorp 上下文中可能存在的例子。在创建订单这个场景中，我在更新订单表的同时，也应该在仓库团队的一张表中插入一条记录来通知他们去派发该订单。至此，作为分离应用程序代码之前的准备工作，代码的分包和数据库表结构的分离都已经完成了。

使用现存的单块表结构，可以在同一个事务中进行订单的插入和仓库记录的插入操作，如图 5-10 所示。

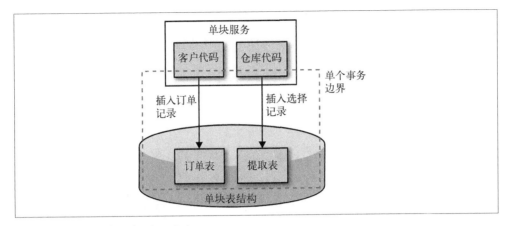

图 5-10：在同一个事务中更新两个表

但是，如果我们已经把表结构分成了两部分，其中一个与客户相关，其余的与仓库相关，那么就无法获得事务所能提供的安全性。下订单操作现在跨越了两个事务边界，如图 5-11 所示。如果这个插入订单表的操作失败，我们可以显式地清除所有的状态，从而保证系统状态的一致性。可如果插入订单表成功，但插入提取表失败了呢？

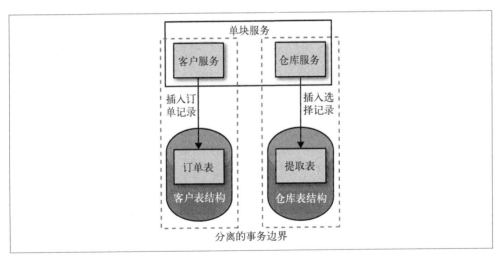

图 5-11：跨越事务边界的单一操作

5.12.1 再试一次

其实，对我们来说知道订单被捕获并被处理就足够了，因为可以后面再对仓库的提取表做一次插入操作。我们可以把这部分操作放在一个队列或者日志文件中，之后再尝试对其进行触发。对于某些操作来说这是合理的，但要保证重试能够修复这个问题。

很多地方会把这种形式叫作最终一致性。相对于使用事务来保证系统处于一致的状态，最终一致性可以接受系统在未来的某个时间达到一致。这种方法对于长时间的操作来说尤其管用。在第 11 章中我们会讨论扩展（scaling）模式，届时会对该话题做进一步讨论。

5.12.2　终止整个操作

另一个选择是拒绝整个操作。在这种情况下，我们需要把系统重置到某种一致的状态。提取表的处理比较简单，因为插入失败会导致事务的回退。但是订单表已经提交了的事务该怎么处理呢？解决方案是，再发起一个补偿事务来抵消之前的操作。对于我们来说，可能就是简单的一个 DELETE 操作来把订单从数据库中删除。然后还需要向用户报告该操作失败了。在单块系统中这些情况很好处理，但是分开之后怎么做呢？发起补偿事务的代码应该在客户服务、订单服务，还是其他什么地方呢？

那如果补偿事务失败了该怎么办呢？这显然是有可能的，这时在订单表中就会有一条记录在提取表中没有对应的记录。在这种情况下，你要么重试补偿事务，要么使用一些后台任务来清除这些不一致的状态。可以给后台的维护人员提供一个界面来进行该操作，或者将其自动化。

现在考虑，如果需要同步的操作不仅仅是两个，而是三个、四个，甚至五个，你该如何处理？不同情况下的补偿事务会非常难以理解，更不用说实现了。

5.12.3　分布式事务

手动编配补偿事务非常难以操作，一种替代方案是使用分布式事务。分布式事务会横跨多个事务，然后使用一个叫作事务管理器的工具来统一编配其他底层系统中运行的事务。就像普通的事务一样，一个分布式的事务会保证整个系统处于一致的状态。唯一不同的是，这里的事务会运行在不同系统的不同进程中，通常它们之间使用网络进行通信。

处理分布式事务（尤其是上面处理客户订单这类的短事务）常用的算法是两阶段提交。在这种方式中，首先是投票阶段。在这个阶段，每个参与者（在这个上下文中叫作 cohort）会告诉事务管理器它是否应该继续。如果事务管理器收到的所有投票都是成功，则会告知它们进行提交操作。只要收到一个否定的投票，事务管理器就会让所有的参与者回退。

这种方式会使得所有的参与者暂停并等待中央协调进程的指令，从而很容易导致系统的中断。如果事务管理器宕机了，处于等待状态的事务就永远无法完成。如果一个 cohort 在投票阶段发送消息失败，则所有其他参与者都会被阻塞，投票结束之后的提交也有可能会失败。该算法隐式地认为上述这些情况不会发生，即如果一个 cohort 在投票阶段投了赞成票，则它一定能提交成功。cohort 需要一种机制来保证这件事情的发生。这意味着此算法并不是万无一失的，而只是尝试捕获大部分的失败场景。

协调进程也会使用锁，也就是说，进行中的事务可能会对某些资源持有一个锁。很多人会对在资源上加锁有担忧，因为它会使系统很难扩展，尤其是在分布式系统的上下文中。

分布式事务在某些特定的技术栈上已有现成的实现，比如 Java 的事务 API，该 API 允许你把类似数据库和消息队列这样完全不同的资源，放在一个事务中进行操作。很多算法都很复杂且容易出错，所以我建议你避免自己去创建这套 API。如果你确定这就是你要采取的方式的话，尽量使用现有的实现。

5.12.4　应该怎么办呢

所有这些方案都会增加复杂性。如你所见，分布式事务很容易出错，而且不利于扩展。这种通过重试和补偿达成最终一致性的方式，会使得定位问题更加困难，而且有可能需要其他的补偿措施来修复潜在数据的不一致。

如果现在有一个业务操作发生在跨系统的单个事务中，那么问问自己是否真的需要这么做。是否可以简单地把它们放到不同的本地事务中，然后依赖于最终一致性的概念？这种系统的构建和扩展都会比较容易（第 11 章会对此做进一步讨论）。

如果你遇到的场景确实需要保持一致性，那么尽量避免把它们放在不同的地方，一定要尽量这样做。如果实在不行，那么要避免仅仅从纯技术（比如数据库事务）的角度考虑，而是显式地创建一个概念来表示这个事务。你可以把这个概念当作一个句柄或者钩子，在此之上，能够相对容易地进行类似补偿事务这样的操作，这也是在系统中监控这些复杂概念的一种方式。举个例子，你可以创建一个叫作"处理中的订单"的概念，围绕这个概念可以把所有与订单相关的端到端操作（及相应的异常）管理起来。

5.13　报表

如我们已经看到的，在对服务进行分离的同时，可能也需要对数据存储进行分离。但是就会在进行一个很常见的操作时出问题，这个操作就是报表。

把架构往微服务的方向进行调整会颠覆很多东西，但这并不意味着我们需要抛弃现有的一切。报表系统的用户和其他用户一样，他们的需求也应该得到满足。修改架构然后让用户去适应，这种做法也未免太过傲慢。我并不是说报表这部分不能进行颠覆（当然是可以的），但是首先需要搞清楚现有流程是如何工作的。有时候你需要选择好战场。

5.14　报表数据库

报表通常需要来自组织内各个部分的数据来生成有用的输出。举个例子，一个可能的需求是在账目信息的报表中包含售出物品的描述等，而该信息需要从产品目录中获取。另一个例子是，看看那些高价值客户的购物行为，这个报表需要他们的购买记录和客户详情信息。

在标准的单块服务架构中，所有的数据都存储在一个大数据库中，所以很容易获取到所有的信息，通过 SQL 查询对几张表做一个连接即可。通常为了防止对主系统性能产生影响，报表系统会从副本数据库中读取数据，如图 5-12 所示。

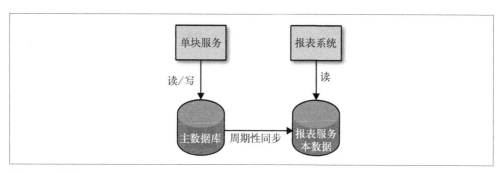

图 5-12：标准只读副本

这种方式有一个很大的好处，即所有的数据存储在同一个地方，因此可以使用非常简单的工具来做查询。但也存在一些缺点。首先，数据库结构成了单块服务和报表系统之间的共享 API，所以对表结构的修改需要非常小心。事实上，这也会阻碍所有人去做类似的修改。

其次，无论是在线上系统还是报表系统的数据库中，可用的优化手段都比较有限。一些数据库允许我们在只读的备份库上做一些优化，以加快读取速度，从而更高效地生成报表。比如在 MySQL 中可以停用事务管理。但由于产品数据库的限制，报表数据库的表结构是无法随意优化的。所以通常来讲，这个表结构要么非常适用于其中一种场景，但对其他的来说不好用，或者取二者的最小公约数，也就是两种场景都不够好用。

最后，来看看有哪些数据库可供选择，显然近几年来这个选择的范围得到了极大的扩展。标准的关系型数据库使用 SQL 作为查询接口，它能够和很多现成的报表工具协同工作，但不一定是适用于产品数据库的最佳选择。比如说，有可能我们的应用程序数据更适合建模成为一个图，就像 Neo4j 那样；或者像 MongoDB 这样的文档存储。类似地，对于报表系统来说，可以尝试 Cassandra 这种基于列的数据库，因为它对大数据量处理得很好。如果只能使用一种数据库，那么就很难做这些选择及尝试新技术。

所以，虽然现状 [4] 并不完美，但至少它（几乎）是工作的。如果把信息存储到不同的系统中，又该如何处理呢？有什么办法可以把所有的数据放在一起生成报表呢？是否能够同时找到一些方法来消除与标准的报表数据库模型相关的那些缺点呢？

注 4：使用单块表结构。——译者注

事实上有多种不同的替代方案，需要考虑多个因素来决定哪种方案更适合你。接下来会介绍几种我见过的实践。

5.15　通过服务调用来获取数据

这个模型有很多变体，但它们都依赖 API 调用来获取想要的数据。对于一个非常简单的报表系统（比如展示过去 15 分钟内下的订单数量的系统）来说，这是可行的。为了从两个或者多个系统中获取数据，你需要进行多次调用，然后进行组装。

但是当你需要访问大量数据时，这种方法就完全不适用了。比如我们想要看看过去 24 个月内客户在音乐商店的购买行为，并从中寻找到客户行为的趋势及其对收入的影响。为了完成这个需求，我们至少需要从客户和财务两个系统中获取大量的数据。在报表系统本地保留这些数据的副本是非常危险的，因为我们不知道它们是否已经发生了修改（即使是历史数据也可能会被修改），所以为了生成一份精准的报表，需要获取过去两年的所有财务记录和客户记录。即使客户数量不多，这个操作也会非常慢。

报表系统也经常依赖于一些第三方工具来获取数据，而使用 SQL 接口能够简化报表工具链的集成。虽然定期把数据拉入 SQL 数据库是可行的，但它还是会带来一些问题。

一个主要的问题是，不同的微服务暴露的 API 不一定能够很好地适用于报表这个场景。举个例子，你可以在客户服务中根据 ID 查询客户，或者根据一些字段来搜索客户，但是客户服务不会提供 API 来获取所有的客户。所以，如果想要获取到所有的数据，就要发起很多调用。对于用户这个例子来说，就是遍历包含所有用户的列表，然后对每个用户分别发起请求来获取数据。这种方式不但对报表系统来说非常低效，而且也会对服务器产生过大的负载。

对于某些服务暴露的资源来说，可以通过添加一些缓存头来加快数据的获取速度，还可以把这些数据缓存在反向代理之类的地方。但是报表天然就允许用户访问不同时期的历史数据，这意味着，如果用户访问的资源是别人没有访问过的（或者在很长一段时间内没有人访问），则缓存无法命中。

你可以提供批量 API 来简化这个过程。举个例子，我们的客户服务可以允许你传过来一组客户 ID 来批量获取数据，或者甚至提供一个接口来分页访问所有的客户。一个更极端的版本是，把对所有用户的请求建模成为一个资源。发起调用的系统可以 POST 一个 BatchRequest，其中携带一个位置信息，服务器可以将所有数据写入该文件。客户服务会返回 HTTP 202 响应码来表示请求已经接受了，但还没有处理。调用系统接下来轮询这个资源，直到得到一个 201 Created 状态，这表示请求已经被满足了，然后发起调用的系统就可以获取这个数据。通过这种方式可以将大数据文件导出，而不需要 HTTP 之上的开销，只是简单地把一个 CSV 文件存储到共享的位置而已。

我见过使用上述方法来批量插入数据，而且能够工作得很好。但是对于报表系统而言，我并不是很喜欢这种方式，因为我觉得有其他潜在的更简单的方式，而且还能够在处理传统报表领域时，更有效地应对伸缩性问题。

5.16 数据导出

和报表系统拉取数据的方式相比，我们还可以把数据推送到报表系统中。使用标准的HTTP来进行大量调用时，会带来很大的额外开销，更不用提为报表系统创建专用 API 所带来的开销。一种替代方式是，使用一个独立的程序直接访问其他服务使用的那些数据库，把这些数据导出到单独的报表数据库，如图 5-13 所示。

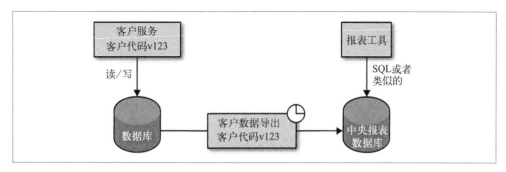

图 5-13：使用数据导出技术来周期性地把数据推送到报表数据库

这时你会说："但是 Sam，你说过使用数据库集成是不好的！"很高兴你这么问，不枉我前面多次强调这个问题！但如果实现得好的话，这个场景可以是一个例外，因为它使得报表这件事情变得足够简单，从而可以抵消耦合带来的缺点。

一开始，相应服务的维护团队可以负责数据的导出工作。简单地使用 Cron 去触发一些命令行程序就可以完成这个任务。这个程序需要同时使用服务和报表系统的数据库。导出任务的职责是，把一种形式映射成为另一种形式。通过让同一个团队来维护服务本身和数据导出，可以缓解二者之间的耦合。事实上，我会建议你对服务和数据导出程序统一做版本管理，并且把数据导出的构建，作为服务本身构建的一个生成物给创建出来，当然这里假设服务和报表总是同时部署的。因为二者总是一起部署，而且服务和报表系统之外的实体不会访问这些数据，所以传统的数据库集成所带来的问题，很大程度上得到了缓解。

关于报表系统表结构的耦合仍然存在，但是我们可以把它看作一个类似公共 API 的比较稳定的东西。一些数据库提供的技术能够帮助我们进一步消除这些问题。图 5-14 显示了一个关系型数据库的例子，在报表数据库中包含了所有服务的表结构，然后使用视图之类的技术来创建一个聚合。使用这种方式，导出数据的服务只需要知道自己的报表视图结构即可。但是这种方式的性能就取决于你所选用的数据库系统了。

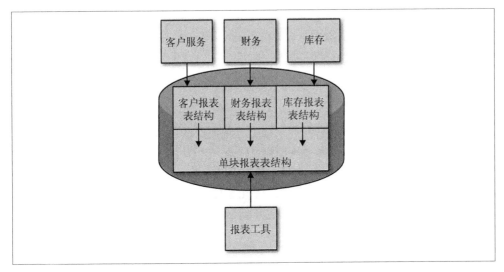

图 5-14：使用视图来构建一个单块报表程序的表结构

当然，这里其实是把集成的复杂度推到了表结构这个层次，然后依靠数据库的能力来确保这种方式是可行的。虽然数据导出一般来讲是合理并且容易实施的建议，但我认为，分割的视图结构所带来的复杂度还是得不偿失的，尤其当你要在数据库中管理修改时。

另一个方向

在曾经做过的另一个项目中，我们把一系列数据以 JSON 格式导出到 AWS S3，有效地把 S3 变成了一个巨大的数据集市！这种方式一直都很好，直到后来规模变得越来越大，且出现了把这些数据导出到类似 Excel 和 Tableau 这种标准报表工具中的需求，这种方法的效果就不够好了。

5.17　事件数据导出

第 4 章提到过，每个微服务可以在其管理的实体发生状态改变时发送一些事件。比如，我们的客户服务可能会在客户增删改时发送一些事件。对于这些暴露事件聚合（feed）的微服务，我们可以在客户端编写自己的事件订阅器把数据导出到报表数据库中，如图 5-15 所示。

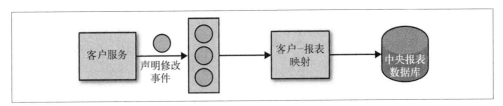

图 5-15：基于状态改变事件来将事件数据导出到报表数据库中

使用这种方式的话，与源微服务底层数据库之间的耦合就被消除掉了。我们只需要绑定到服务所发送的事件即可，而设计这些事件，本来就是用来暴露给外部消费者的。考虑事件是具有时效性的，也很容易确定什么样的数据应该被发送到中央报表系统的存储中。因为可以在事件发生时就给报表系统发送数据，而不是靠原有的周期性数据导出，所以数据就能更快地流入报表系统。

还有，如果我们记录了哪些事件已经被处理，而且发现老的事件已经被导入到报表系统中，那么每次只需要对新事件进行处理即可。这意味着插入操作会更加高效，因为只需要发送增量数据。我们可以在数据导出的方式中做类似的事情，但是需要自己实现，然而事件流（x 在时间戳 y 上发生）的时效性特性能够帮助我们很好地完成这个目标。

因为事件数据导出的方式与服务的内部实现耦合很小，所以可以把这部分工作交给另一个独立的团队（而非持有数据的那个团队）来维护。只要事件流的设计没有造成订阅者和服务之间的耦合，则这个事件映射器就可以独立于它所订阅的服务来进行演化。

这个方法主要的缺点是，所有需要的信息都必须以事件的形式广播出去，所以在数据量比较大时，不容易像数据导出方式那样直接在数据库级别进行扩展。不管怎样，如果你已经暴露出了合适的事件，我还是建议你考虑这种方式，因为它能够带来低耦合及更好的数据时效性。

5.18　数据导出的备份

Netflix 使用过一种方法，该方法利用现有的备份方案解决了他们遇到的与扩展相关的问题。而接下来要讨论的方法就基于 Netflix 使用的这种方法。从某种角度来看，你可以认为这是数据导出的一种特殊形式，但这个有趣的方案确实值得一提。

Netflix 已经决定把 Cassandra 作为在众多服务中进行数据备份的标准方式。他们投入了大量的时间来构建相应的工具来提高 Cassandra 的易用性，其中大部分工作已经通过开源项目的方式共享给了全世界。显然对于 Netflix 来说，数据得到适当的备份是很重要的。为了备份 Cassandra 数据，标准的方式是复制一份数据，然后将其放到另外一个安全的地方。Netflix 存储的这些文件叫作 SSTables，它们被存储在 Amazon 的 S3 对象存储服务中，而该服务提供了非常好的数据持久化保证。

在进行报表时，Netflix 需要对所有这些数据进行处理，但由于要考虑扩展性问题，所以是一个非凡的挑战。它使用了 Hadoop，将 SSTable 的备份数据作为任务的数据源。慢慢地，Netflix 实现了一个能够处理大量数据的流水线，并且开源了出来，它就是 Aegisthus 项目（https://github.com/Netflix/aegisthus）。但和数据导出一样，这个模式仍然会引入与最终报表系统表结构（或者说目标系统）之间的耦合。

使用映射器来处理备份数据的方式与上述的方法很类似，这个方法在其他的上下文中也能够工作得很好。如果你已经在用 Cassandra 了，那么 Netflix 已经为你做了很多事情！

5.19　走向实时

前面列出了很多把数据从不同的地方汇聚到同一个地方的模式。但是否所有的报表都必须从一个地方出呢？我们有仪表盘、告警、财务报表、用户分析等应用。这些使用场景对于时效性的要求不同，所以需要使用不同的技术。在第 8 章中会讲到，现在我们越来越靠近能够把数据按需路由到多个不同地方的通用事件系统了。

5.20　修改的代价

贯穿本书，你会看到我一直在强调做小的、增量修改的各种原因，但其中一个关键的好处是，能够理解做出的那些改变会造成什么影响。这会帮助我们更好地消除错误的代价，但不会完全避免错误的产生。我们可以，也一定会犯错误，需要接受这个事实。但是另外一件我们应该做的事情是，理解如何降低这些错误所造成的影响。

如我们所见到的，在同一个代码库中移动代码的代价是相当小的。很多工具可以帮助我们做这件事情，而且引入的问题也都比较容易修复。然而分割数据库的工作量就要大得多，而且回退数据库的修改也非常复杂。类似地，解开服务之间的耦合，或者完全重写一个很多消费者都在使用的 API 是非常巨大的工作。巨大的修改代价意味着风险的增大。如何才能控制这些风险？我的方式是在影响最小的地方犯错误。

我喜欢在修改和犯错误的代价都很小的地方进行思考，也就是白板。把设计画在白板上。在你认为的服务边界上运行用例，然后看看会发生什么。比如对于我们的音乐商店来说，想象一下，当客户搜索一条记录、在网站上注册，或者在购买专辑时会发生什么样的调用？你看到奇怪的循环引用了吗？你看到两个服务之间的通信过多，以至于它们应该被合并成为一个吗？

这里我采用了一种在设计面向对象系统时的典型技术：CRC（class-responsibility-collaboration，类－职责－交互）卡片。你可以在一张卡片写上类的名字、它的职责及与谁进行交互。当我进行设计时，会把每个服务的职责列出来，写清楚它提供了什么能力，和哪些服务之间有协作关系。遍历的用例越多，你就越能知道这些组件是否以正确的方式在一起工作。

5.21　理解根本原因

我们做了很多关于如何把大服务拆分成一些小服务的讨论，但是这些大服务又是怎么产生的呢？第一件需要理解的事情是，服务一定会慢慢变大，直至大到需要拆分。我们希望系统的架构随着时间的推移增量地进行变化。关键是要在拆分这件事情变得太过昂贵之前，意识到你需要做这个拆分。

但是事实上，我们中的很多人都见过服务变大到非常不健康的状态。尽管知道相比于手中巨大的怪兽，一系列的小服务更容易应对，但我们仍然在一点点地帮助它成长。这又是为什么呢？

知道从哪里开始是解决方案的重要组成部分，所以希望本章的内容对你有所帮助。但另一个挑战是拆分服务所带来的代价。找一个环境来做好配置并启动一个服务等任务并不简单。所以要怎么做呢？好吧，如果某些对的事情做起来很困难，那么应该尽量把它们变得简单。对库和轻量级服务框架的投资能够减小创建新服务的代价。给人们提供自助的虚拟机创建服务，或者甚至提供一个可用的 PaaS，这些措施能够大大简化系统环境的创建及在此之上的测试工作。贯穿本书的剩余部分，我们会讨论一些方法以减小这个代价。

5.22　小结

我们通过寻找服务边界把系统分解开来，且这可以是一个增量的过程。在最开始就要养成及时寻找接缝的好习惯，从而减少分割服务的代价，这样才能够在未来遇到新需求时继续演化我们的系统。如你所见，有些工作是很艰难的。但由于可以增量进行，所以也没什么好怕的。

那么现在可以开始对服务进行分割了，但是我们也引入了一些新的问题：需要部署上线的组件变多了！所以接下来让我们进入到部署的世界。

第 6 章

部署

部署一个单块系统的流程非常简单。然而在众多相互依赖的微服务中，部署却是完全不同的情况。如果部署的方法不合适，那么其带来的复杂程度会让你很痛苦。本章会讲解一些技巧和技术，从而帮助我们在细粒度的架构中更好地部署微服务。

我会从持续集成和持续交付说起。这些概念与我们下面要讨论的主题并不相同，但又有所关联，了解它们可以帮助我们在考虑构建什么、如何构建以及如何部署时，做出更好的决定。

6.1 持续集成简介

CI（Continuous Integration，持续集成）已经出现很多年了，但还是值得花点时间来好好复习一下它的基本用法，因为在微服务之间的映射、构建及代码库版本管理等方面，存在很多不同的选择。

CI 能够保证新提交的代码与已有代码进行集成，从而让所有人保持同步。CI 服务器会检测到代码已提交并签出，然后花些时间来验证代码是否通过编译以及测试能否通过。

作为这个流程的一部分，我们经常会生成一些构建物（artifact）以供后续验证使用，比如启动一个服务并对其运行测试。理想情况下，这些构建物应该只生成一次，然后在本次提交所对应的所有部署环节中使用。这不仅可以避免多次重复做一件事情，还可以保证部署上线的构建物与测试通过的那个是同一个。为了重用构建物，需要把它们放在某个仓储中。CI 本身会提供这样的仓储，你也可以使用一个独立系统来做这件事情。

接下来会重点关注可用的构建物种类，然后在第 7 章会重点讲解与测试相关的内容。

CI 的好处有很多。通过它，我们能够得到关于代码质量的某种程度的快速反馈。CI 可以自动化生成二进制文件。用于生成这些构建物的所有代码都在版本的控制之下，所以如果需要的话，可以重新生成这个版本的构建物。通过 CI 我们能够从已部署的构建物回溯到相应的代码，有些 CI 工具，还可以使在这些代码和构建物上运行过的测试可视化。正是因为上述这些好处，CI 才会成为一项如此成功的实践。

你真的在做CI吗

我猜你很有可能正在组织内使用持续集成。如果没有的话，你应该开始这么做，因为这个关键实践允许我们更快速、更容易地修改代码。如果没有持续集成，向微服务架构进行转型就会非常痛苦。即便如此，很多宣称自己在做 CI 的团队并没有真正在做。他们认为使用了 CI 工具就算是采用了 CI 这个实践，事实上，只有工具是远远不够的。

我很喜欢 Jez Humble 用来测试别人是否真正理解 CI 的三个问题。

* 你是否每天签入代码到主线？

  你应该保证代码能够与已有代码进行集成。如果你的代码和其他人的代码没被频繁地放在一起，那么将来的集成就会非常困难。即使你只使用生命周期很短的分支来管理这些修改，也要尽可能频繁地把代码检入到单个主线分支中。

* 你是否有一组测试来验证修改？

  如果没有测试，我们只能知道集成后没有语法错误，但无法知道系统的行为是否已经被破坏。没有对代码行为进行验证的 CI 不是真正的 CI。

* 当构建失败后，团队是否把修复CI当作第一优先级的事情来做？

  绿色的构建意味着，我们的修改已经安全地和已有代码集成在了一起。红色的构建意味着，最后一次修改很可能有问题，这时只能提交修复构建的代码。如果你允许别人在构建失败时提交更多的修改，用于修复构建的时间就会大大增加。我见过在一个团队中构建失败持续了好几天，最后花了很长时间才修复这个构建。

6.2　把持续集成映射到微服务

当持续集成遇上微服务时，需要考虑如何把 CI 的构建和每个微服务映射起来。前面我已经提过很多次，每个服务应该能够独立于其他服务进行部署。所以如何在微服务、CI 构建及源代码三者之间，建立起合适的映射呢？

如果从最简单的做法开始，我们可以先把所有东西放在一起。如图 6-1 所示，现在我们有一个巨大的代码库，其中包括所有的代码，并且只有一个构建。向该代码库任何一次的代码提交都会触发构建，在这个构建中我们会运行与所有微服务相关的验证，然后产生多个构建物，所有这些都在同一个构建中完成。

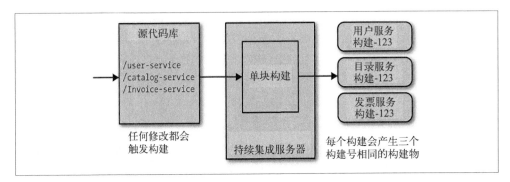

图 6-1：把所有微服务放在同一个代码库中，并且只有一个 CI 构建

这种方法从表面上看比其他方法要简单得多：因为你需要关心的代码库比较少，而且从概念上来讲，这种构建也比较简单。开发者的工作也得到了简化：我只需要提交代码即可，如果需要同时在多个服务上工作的话，一个提交就能搞定。

在同步发布（lock-step release）中，你需要一次性部署多个服务。如果你认为这不是个问题的话，那么上述模式就可以工作得很好。一般来讲，我们绝对应该避免这个模式，但在项目初期是个例外。当仅有一个团队在所有的服务上工作时，这种模式在短时间内是可接受的。

这种模式存在很多明显的缺点。如果我仅仅修改了图 6-1 中用户服务中的一行代码，所有其他的服务都需要进行验证和构建，而事实上它们或许并不需要重新进行验证和构建，所以这里我们花费了不必要的时间。这会影响 CI 的周期时间，也会影响单个修改从开发到上线的速度。更糟糕的是，我不知道哪些构建物应该被重新部署，哪些不应该。我是否需要部署所有的服务来保证所有的修改都能生效？这就很难说清楚了。而且通过提交消息来猜测哪个服务真正被修改了，也是一件很困难的事情。使用这种方式的组织，往往都会退回到同时部署所有代码的模式，而这也正是我们非常不想看到的。

很不幸，如果这一行的修改导致构建失败，那么在构建得到修复之前，与其他服务相关的代码也无法提交。想象一下，如果有很多团队在共享一个巨大的构建，那么谁会对此负责？

这种方法的一个变体是保留一个代码库，但是存在多个 CI 会分别映射到代码库的不同部分，如图 6-2 所示。如果代码库的目录结构定义得合理，就会很容易把其中一部分映射到一个构建中。总的来说我不太喜欢这个方法，因为这个模式可能是把双刃剑。一方面它会简化检出 / 检入的流程，但另一方面，它会让你觉得同时提交对多个服务的修改是一件很容易的事情，从而做出将多个服务耦合在一起的修改。但是相对于只有一个构建的多个服务来说，这个方法已经好很多了。

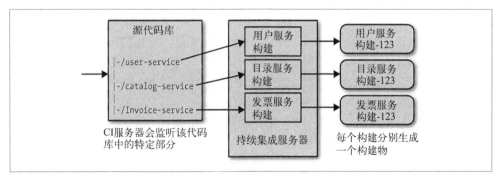

图 6-2：将一个代码库的子目录映射到不同的构建中

那么还有其他方法吗？我比较喜欢的方法是，每个微服务都有自己的 CI，这样就可以在将该微服务部署到生产环境之前做一个快速的验证，如图 6-3 所示。这里的每个微服务都有自己的代码库，分别与相应的 CI 绑定。当对代码库进行修改时，可以只运行相关的构建以及其中的测试。我只会得到一个需要部署的构建物，代码库与团队所有权的匹配程度也更高了。如果你对一个服务负责，就应该同时对相关的代码库和构建负责。在这样的世界中，跨微服务做修改会更加困难，但是我认为，相比单块代码库和单块构建流程所带来的问题而言，这个问题更容易解决（比如使用命令行脚本）。

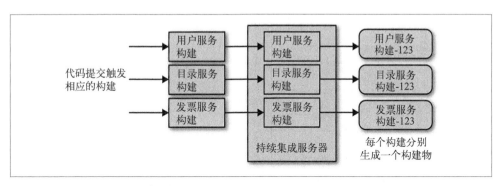

图 6-3：每个微服务有一个源代码库和 CI 构建

每个与微服务相关的测试也应该和其本身的代码放在一起，这样就很容易知道对于某个服务来说应该运行哪些测试。

所以每个微服务都会有自己的代码库和构建流程。我们也会使用 CI 构建流程，全自动化地创建出用于部署的构建物。现在让我们看得更远一些，看看持续交付的概念如何与微服务进行结合。

6.3　构建流水线和持续交付

在早些年使用持续集成时，我们意识到了把一个构建分成多个阶段是很有价值的。比方说在测试中可能有很多运行很快、涉及范围很小的测试；还有一些比较耗时、涉及范围较大的测试，这些测试通常数量也比较少。如果所有测试一起运行的话，有可能一个快速测试已经失败了，但是因为需要等待那些耗时测试的完成，所以还是无法得到快速反馈。而且如果快速测试失败了，再接着运行剩下的耗时测试也是不合理的！解决这个问题的一个方案是，将构建分解成为多个阶段，从而得到我们熟知的构建流水线。在第一个阶段运行快速测试，在第二个阶段运行耗时测试。

构建流水线可以很好地跟踪软件构建进度：每完成一个阶段，就离终点更近一步。流水线也能够可视化本次构建物的软件质量。构建物会在整个构建的第一个环节生成，然后它会被用在整个流水线中。随着构建物通过不同的阶段，我们越来越能确定该软件能够在生产环境下正常工作。

CD（Continuous Delivery，持续交付）基于上述的这些概念，并在此之上有所发展。正如Jez Humble 和 Dave Farley 的同名著作中提到的，CD 能够检查每次提交是否达到了部署到生产环境的要求，并持续地把这些信息反馈给我们，它会把每次提交当成候选发布版本来对待。

为了更好地理解这些概念，我们需要对从代码提交及部署到生产环境这个过程中，所需要经历的流程进行建模，并知道哪些版本的软件是可发布的。在 CD 中，我们会把多阶段构建流水线的概念进行扩展，从而覆盖软件通过的所有阶段，无论是手动的还是自动的。在图 6-4 中，我们可以看到一个熟悉的示例流水线。

图 6-4：一个使用构建流水线建模的标准发布流程

我们需要一个真正重视 CD 概念的工具来辅助它的实施。我看过很多人尝试对 CI 工具进行扩展来做 CD，大多数情况下会得到一个复杂的系统，而这个系统，也不可能比一开始就为 CD 设计的工具好用。完全支持 CD 的工具能够定义和可视化这些流水线，并对发布到生产环境的整个过程进行建模。当某个版本的代码经过流水线时，如果它通过了某个自动验证的步骤，就会移动到下一阶段。有些阶段可能是手动的，举个例子，如果你有一个手动的 UAT（User Acceptance Testing，用户验收测试）流程，那么也应该可以使用 CD 工具来对其建模。应该可以在 CD 工具中看到下一个可用于部署到 UAT 环境的构建，并触发部署流程，如果通过了手动检查，就可以将该阶段标记为成功，这样它就能够移动到下一阶段了。

通过对整个软件上线过程进行建模，软件质量的可视化得到了极大改善，这可以大大减少发布之间的间隔，因为可以在一个集中的地方看到构建和发布流程，这也是可以引入改进的一个焦点。

在微服务的世界，我们想要保证服务之间可以独立于彼此进行部署，所以每个服务都有自己独立的 CI。在流水线中，构建物会沿着上线方向进行移动。构建物的大小和形态可能会有很大差别，后面会看到一些最常见的例子。

不可避免的例外

所有好的规则都需要考虑例外。"每个微服务一个构建"的方法，基本上在大多数情况下都是合理的，那么是否有例外呢？当一个团队刚开始启动一个新项目时，尤其是什么都没有的情况下，你可能会花很多时间来识别出服务的边界。所以在你识别出稳定的领域之前，可以把初始服务都放在一起。

在最开始的阶段，经常会发生跨服务边界的修改，所以时常会有些内容移入或者移出某个服务。在这个阶段，把所有服务都放在一个单独的构建中，可以减轻跨服务修改所带来的代价。

当然，在这个阶段你必须把所有服务打包发布，但这应该是一个过渡步骤。当服务的 API 稳定之后，就可以开始把它们移动到各自的构建中。如果几周（或者几个月）之后，你的服务边界还是不够稳定，那么再把它们合并回单块服务中（当然还可以在边界内部保持模块性），然后花些时间去了解领域。这也是我们 SnapCI 团队的经验，在第 3 章讨论过这个问题。

6.4　平台特定的构建物

大多数技术栈都有相应的构建物类型，同时也有相关的工具来创建和安装这些构建物。Ruby 中有 gem，Java 中有 JAR 包和 WAR 包，Python 中有 egg。对某一种技术有经验的开发人员，都会比较了解与这些构建物相关的技术，如果他们也知道如何创建就更好了。

但是从微服务部署的角度来看，在有些技术栈中只有构建物本身是不够的。虽然可以把 Java 的 JAR 包做成可执行文件，并在其中运行一个嵌入式的 HTTP 进程，但对于类似于 Ruby 和 Python 这样的应用程序来说，你需要使用一个运行在 Apache 或者 Nginx 中的进程管理器。所以为了部署和启动这些构建物，需要安装和配置一些其他软件，然后再启动这些构建物。类似于 Puppet 和 Chef 这样的自动化配置管理工具，就可以很好地解决这个问题。

另一个问题是，不同技术栈生成的构建物各不相同，所以混合不同的构建物进行部署就会很复杂。可以尝试从某人想要同时部署多个服务的角度来考虑，比如，某个开发或者测试人员想要测试一些功能，或者做一次生产环境的部署。现在想象一下，所要部署的服务使用了三种完全不同的部署机制，比如 Ruby 的 Gem、JAR 包和 Node.js 的 NPM 包，你会有什么感觉？

自动化可以对不同构建物的底层部署机制进行屏蔽。Chef、Puppet 及 Ansible 都支持一些通用技术栈的构建物部署。但有一些构建物的部署会非常简单。

6.5　操作系统构建物

有一种方法可以避免多种技术栈下的构建物所带来的问题，那就是使用操作系统支持的构建物。举个例子，对基于 RedHat 或者 CentOS 的系统来说，可以使用 RPM；对 Ubuntu 来说，可以使用 deb 包；对 Windows 来说，可以使用 MSI。

使用 OS 特定构建物的好处是，在做部署时不需要考虑底层使用的是什么技术。只需要简单使用内置的工具就可以完成软件的安装。这些操作系统工具也可以进行软件的卸载及查询，甚至还可以把 CI 生成的构建物推送到软件包仓库中。OS 包管理工具，可以帮你完成很多原本需要使用 Chef 或者 Puppet 来完成的工作。举个例子，在我用过的所有 Linux 平台上，你都可以定义软件包所依赖的其他软件包，然后 OS 就会自动帮你完成这些工具的安装。

其缺点是，刚开始编写构建脚本的过程可能会比较困难。对于 Linux 来说，FPM 包管理工具为创建 Linux 操作系统软件包提供了很好的抽象，所以能自然地从基于 tarball 的部署过渡到基于 OS 的部署。在 Windows 的世界，这件事情就有些棘手了。相比 Linux 能够提供的功能来说，类似 MSI 这样的原生打包系统缺失了很多功能。NuGet 软件包系统对此做出了一定的改善，至少它简化了开发库的依赖管理。最近，Chocolatey NuGet 扩展了这个想法，并提供了一个 Windows 上的软件包管理器来简化部署工作，它提供的功能和 Linux 提供的非常接近了。这个方向肯定是正确的，但是 Windows 惯用的风格是部署在 IIS，这意味着，这种方法可能对一些 Windows 团队没有吸引力。

当然这会产生另一个缺点，即如果你需要部署到多种操作系统的话，维护不同版本构建物的开销就会很大。如果你创建的软件包是用来给别人进行安装的，那么就别无选择。但如果软件是部署在你可控的机器上，那么我建议，尽量减少需要维护的操作系统的数量，最好只维护一种。它可以大大减少不同机器之间可能存在的不同之处，并减小部署和维护的工作量。

我见过很多团队使用基于 OS 的软件包管理工具，很好地简化了他们的部署流程，并且通常不会产生那种又大又复杂的部署脚本。特别是如果你在 Linux 上工作，而且采用多种技术栈来部署微服务，那么这种方法就很适合你。

6.6　定制化镜像

使用类似 Puppet、Chef 及 Ansible 这些自动化配置管理工具的一个问题是，需要花费大量时间在机器上运行这些脚本。考虑这样一个例子：对服务器进行配置，使其能够部署 Java 应用程序。假设我的服务器在 AWS 上，使用的是标准的 Ubuntu 镜像。为了运行 Java 应用程序，需要做的第一件事情是安装 Oracle JVM。这个简单的过程可能就会花费五分钟，其中一些时间用于启动机器上，剩下的则用于安装 JVM。然后我们才能开始考虑把软件放上去。

上面这个例子比较简单，实际情况下还需要安装其他常用软件。比如，可能需要使用 collectd 来收集操作系统的状态，使用 logstash 来做日志的聚合，还可能需要安装 nagios 来做监控（第 8 章会详细讨论这部分内容）。随着时间的推移，越来越多的东西被添加进来，所以自动化配置环境所需的时间也会越来越长。

Puppet、Chef 和 Ansible 这类的工具，能够很智能地避免重复安装已安装的软件。但不幸的是，这并不意味着在已经存在的机器上运行这些脚本总会很快，因为仅仅是做这些检查就会花费很多时间。同时，我们也想避免一台机器运行的时间过长，因为这会引起配置漂移（后面会详细解释）。如果使用按需计算平台，那么可以每天（如果不是更频繁的话）按需关闭和启动新的实例，所以这些声明式的配置管理工具的使用可能会受到限制。

随着时间的推移，看着同样的工具被一遍遍重复安装，也是一种煎熬。如果在 CI 上运行这些脚本，那么也无法得到快速反馈。在进行部署时，服务停止的时间也会增加，因为你在等待软件的安装。类似于蓝 / 绿部署（第 7 章会详细讲解）的模式，可以帮助你缓解这个问题，因为它允许我们在老版本服务不下线的同时，去部署新版本的服务。

一种减少启动时间的方法是创建一个虚拟机镜像，其中包含一些常用的依赖，如图 6-5 所示。我用过的所有虚拟化平台，都允许用户构建自己的镜像，而且现在的工具提供的便利程度，也远远超越了多年前的那些工具。使用这种方法之后事情就变得简单一些了。现在你可以把公共的工具安装在镜像上，然后在部署软件时，只需要根据该镜像创建一个实例，之后在其之上安装最新的服务版本即可。

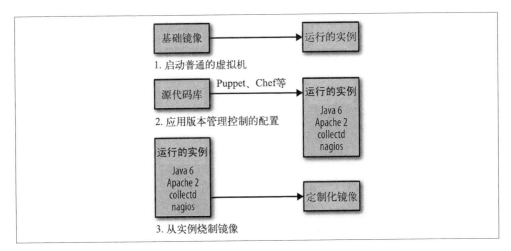

图 6-5：创建定制化虚拟机镜像

你只需要构建一次镜像，然后根据这些镜像启动虚拟机，不需要再花费时间来安装相应的依赖，因为它们已经在镜像中安装好了，这样就可以节省很多时间。如果你的核心依赖没有改变，那么新版本的服务就可以继续使用相同的基础镜像。

这个方法也有一些缺点。首先，构建镜像会花费大量的时间。这意味着，在开发环境中可能需要使用其他替代部署方案，避免花费很长时间去创建一个二进制部署物。其次，产生的镜像可能会很大。当你创建 VMWare 镜像时，这会是一个很大的问题。想象一下，在网络上传送一个 20GB 的镜像文件是怎样一个场景。后面会介绍一种容器技术：Docker，它可以避免上述的一些问题。

由于历史原因，构建不同平台上的镜像所需的工具链是不一样的。构建 VMWare 镜像的方式就和构建 AWS AMI 的不同，更不用说我们还有 Vagrant 镜像、Rackspace 镜像等。如果你只使用一个平台，那么这就不是问题，但并不是所有的组织都这么走运。而且即使撇开这个因素，这个领域的工具通常也很难用，很难将其与其他做机器配置的工具结合在一起使用。

Packer 可以用来简化这个创建过程。你可以选择自己喜欢的工具（Chef、Ansible、Puppet或者其他）来从同一套配置中生成不同平台的镜像。该工具产生之初就为 VMWare、AWS、Rackspcace 云、Digital Ocean 和 Vagrant 提供了支持，而且我也见到此方法在 Linux和 Windows 平台上的成功运用。这意味着，你可以在生产环境使用 AWS 来做部署，并使用 Vagrant 镜像做本地开发和测试，它们都源于同一套配置。

6.6.1　将镜像作为构建物

现在已经做到了使用包含依赖的虚拟机镜像来加速反馈，那么为什么要止步于此呢？我们可以更进一步，把服务本身也包含在镜像中，这样就把镜像变成了构建物。现在当你启动镜像时，服务就已经就绪了。Netflix 就是因为这个快速启动的好处，把自己的服务内建在了 AWS AMI 中。

就像使用 OS 特定软件包那样，可以认为这些 VM 镜像是对不同技术栈的一层抽象。我们不需要关心运行在镜像中的服务，所使用的语言是 Ruby 还是 Java，最终的构建物是 gem 还是 JAR 包，我们唯一需要关心的就是它是否工作。然后把精力放在镜像创建和部署的自动化上即可。这个简洁的方法有助于我们实现另一个部署概念：不可变服务器。

6.6.2　不可变服务器

通过把配置都存到版本控制中，我们可以自动化重建服务，甚至重建整个环境。但是如果部署完成后，有人登录到机器上修改了一些东西呢？这就会导致机器上的实际配置和源代码管理中的配置不再一致，这个问题叫作配置漂移。

为了避免这个问题，可以禁止对任何运行的服务器做手动修改。相反，无论修改多么小，都需要经过构建流水线来创建新的机器。事实上，即使不使用镜像，你也可以实现类似的模式，但它是把镜像作为构建物的一个非常合理的扩展。你甚至可以在镜像的创建过程中禁止 SSH，以确保没有人能够登录到机器上做任何修改。

当然，在使用这个方法时，也需要考虑前面提到的周期时间这个因素。同时需要保证，机器上的持久化数据也被保存到了其他地方 5。尽管存在这些复杂性，但我看到很多团队使用这种模式之后，部署过程变得更容易理解，环境问题也更容易定位。前面我已经说过，任何能够简化工作的措施都值得尝试！

6.7　环境

当软件在 CD 流水线的不同阶段之间移动时，它也会被部署到不同的环境中。如果考虑图 6-4 中所示的构建流水线，其中起码存在 4 个环境：一个用来运行耗时测试，一个用来做 UAT，一个用来做性能测试，另一个用于生产环境。我们的微服务构建物从头到尾都是一样的，但环境不同。至少它们的主机是隔离的，配置也不一样。而事实上情况往往会复杂得多。举个例子，我们的生产环境可能会包括两个数据中心的多台主机，使用负载均衡来管理，而测试环境可能会把所有的服务运行在一台机器上。这些环境之间的不同可能会引起一些问题。

多年前我就因为这个问题吃过亏。在生产环境中，我们使用 WebLogic 的集群来部署一个 Java Web 服务。这个 WebLogic 的集群会在不同的节点之间复制会话状态，这样，如果一

注 5：因为该机器随时可能会被销毁。——译者注

个节点宕机了，其他节点还可以正常使用。但由于 WebLogic 的许可证过于昂贵，所以在测试环境中只使用了一台机器，也就是非集群的配置。

在一次发布中这带来了非常严重的问题。为了能够在节点之间复制会话状态，应该对这些会话数据做恰当的序列化。不幸的是，我们的一次提交破坏了这个功能，所以部署之后复制会话的功能就出问题了。最后通过不懈的努力，终于在测试环境中也使用了集群设置。

不同环境中部署的服务是相同的，但是每个环境的用途却不一样。在我的开发机上，想要快速部署该服务来运行测试或者做一些手工测试，此时相关的依赖很有可能都是假的；而在生产环境中，需要把该服务部署到多台机器上并使用负载均衡来管理，甚至从持久性（durability）的角度考虑，还需要把这些机器放在不同的数据中心去。

从笔记本到 UAT，最终再到生产环境，我们希望前面的那些环境能不断地靠近生产环境，这样就可以更快地捕获到由环境差异导致的问题。你需要持续地做权衡。有时候重建类生产环境所消耗的时间和代价会让人望而却步，所以你必须做出妥协。比如说，把软件部署到 AWS 上需要 25 分钟，而在本地的 Vagrant 实例中部署服务会快得多。

类生产环境和快速反馈之间的平衡不是一成不变的。要持续关注将来产生的那些 bug 和反馈时间，然后按需去调节这个平衡。

管理单块系统的环境很具有挑战性，尤其是当你对那些很容易自动化的系统没有访问权的时候。当你需要对每个微服务考虑多个环境时，事情会更加艰巨。后面会讲一些能够简化这些工作的部署平台。

6.8　服务配置

服务需要一些配置。理想情况下，这些配置的工作量应该很小，而且仅仅局限于环境间的不同之处，比如用来连接数据库的用户名和密码。应该最小化环境间配置的差异。如果你的配置修改了很多服务的基本行为，或者不同环境之间的配置差异很大，那么你可能就只能在一套环境中发现某个特定的问题，这是极其痛苦的事情。

所以，如果存在不同环境之间的配置差异，应该如何在部署流程中对其进行处理呢？一种方法是对每个环境创建不同的构建物，并把配置内建在该构建物中。刚开始看这种方法好像挺有道理。配置已经被内建了，只需要简单的部署，它应该就能够正常工作了，对吧？其实这是有问题的。还记得持续交付的概念吗？我们想要创建一个构建物作为候选发布版本，并使其沿着流水线向前移动，最终确认它能够被发布到生产环境。想象一下，我构建了一个 Customer-Service-Test 构建物和 Customer-Service-Prod 构建物。如果 Customer-Service-Test 构建物通过了测试，但我真正要部署的构建物却是 Customer-Service-Prod，又要如何验证这个软件最终会真正运行在生产环境中呢？

还有一些其他的挑战。首先，创建这些构建物比较耗时。其次，你需要在构建的时候知道存在哪些环境。你要如何处理敏感的配置数据？我可不想把生产环境的数据库密码提交到源代码中，但是如果在创建这些构建物时需要的话，通常这也是难以避免的。

一个更好的方法是只创建一个构建物，并将配置单独管理。从形式上来说，这针对的可能是每个环境的一个属性文件，或者是传入到安装过程中的一些参数。还有一个在应对大量微服务时比较流行的方法是，使用专用系统来提供配置，第 11 章会详细讨论这个话题。

6.9　服务与主机之间的映射

很早之前，就有关于“每台机器（machine）应该有多少个服务”的讨论。在我们继续之前，应该找一个比“机器”更好的术语。在前虚拟化时代，单个运行操作系统的主机与底层物理基础设施之间的映射形式有很多种。因此，我倾向于使用“主机”（host）这个词来做通用的隔离单元，也就是能够运行服务的一个操作系统。如果你直接在物理机上部署，那么一台物理机映射到一台主机（在当前上下文中，这个词可能不完全正确，但确实也找不到更好的了）。如果你使用了虚拟化，单个物理机会映射到多个独立的主机，并且每个都可以包含一个或者多个服务。

所以在考虑不同的部署模型时，我会使用主机这个词。那么每台主机应该有多少个服务呢？

我有自己倾向的模型，但要考虑多个因素，来决定哪个模型最适合你。需要注意的一点是：某些决定会限制可用的部署方式。

6.9.1　单主机多服务

如图 6-6 所示，在每个主机上部署多个服务是很有吸引力的。首先，从主机管理的角度来看它更简单。在一个团队管理基础设施，另一个团队管理软件的模式下，管理基础设施团队的工作量通常与所要管理的主机量成正比。如果单个主机包含更多的服务，那么主机管理的工作量不会随着服务数量的增加而增加。其次是关于成本。即使你有一个能够提供一些配置和更改虚拟主机大小等服务的虚拟化平台，虚拟化的基础设施本身也会占用一部分资源，从而减少服务可用的资源。在我看来，上述这些问题都可以使用一些新的技术和实践来解决，后面马上会讨论到。

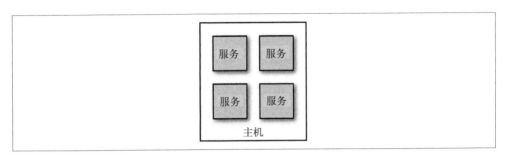

图 6-6：每个主机多个微服务

这个模型与应用程序容器的模型类似。从某种角度来看，应用程序容器就是单主机多服务模型的一个特例，所以后面会单独考虑这个场景。这个模型也会简化开发人员的工作，因为将多个服务部署在生产环境的单个主机上，与把多个服务部署在本地开发机上的过程很类似。如果想要考虑其他模型，也应该从概念上对开发人员保持简单性。

但这个模型也有一些挑战。首先，它会使监控变得更加困难。举个例子，当监控 CPU 使用率时，应该监控每个单独的服务还是整个机器呢？服务之间的相互影响也是不可避免的。如果一个服务的负载很高，那么它有可能会过多占用系统其他部分的资源。Gilt 在运行过多服务时就遇到了这个问题。最开始，它在同一台机器上统一管理所有的服务，但其中某个负载过大的服务会对该主机上的其他服务造成影响。这会使难以对主机故障所造成的影响进行分析，因为一台主机发生故障会造成很大的影响。

服务的部署也会变得更复杂，因为很难保证对一个服务的部署不会影响其他的服务。举个例子，如果我使用 Puppet 来准备一台主机，但是每个服务的依赖是不同的（而且还有可能是冲突的），该如何处理？我见过的最糟糕的情况是，把多个服务绑定在一起进行部署，即部署全部的服务，这些工作都是为了简化单主机多服务的部署模型。在我看来，这个小小的改进其实是放弃了微服务的一个关键好处：独立部署不同的服务。如果你采用了单主机多服务模型，请确保每个服务都可以独立进行部署。

这个模型对团队的自治性也不利。如果不同团队所维护的服务安装在了同一台主机上，那么谁来配置这些服务所在的主机呢？很有可能最后有一个专门的团队来做这些事情，这就意味着，需要和更多人协调才能完成服务的部署。

还有一个问题是，这个方法会限制部署构建物的选择。基于镜像的部署模型就不用考虑了，因为服务器是不可变的，除非你把多个服务打包到一个单独的构建物中，当然这是我们竭力想要避免的做法。

在单个主机上部署多个服务，会增加对单个服务进行扩展的复杂性。如果一个微服务处理的数据很敏感，底层主机的配置也可能会有所不同，或者干脆把这台主机放置在不同的网络中。把所有东西放在一台主机上意味着，即使每个服务的需求是不一样的，我们也不得不对它们一视同仁。

我的同事 Neal Ford 提到过，很多关于部署和主机管理的工作实践都是为了优化稀缺资源的利用。在过去，如果我想要加一台主机，唯一的选择就是买或者租一台物理机。但采购的时间通常都比较长，而且财务上的投入也比较大。我的很多客户都是两三年才添加并配置一次机器，在这个时间点之外想要添置新机器是很困难的。但是按需计算平台的出现大大降低了计算资源的成本，而虚拟化技术的革新，也使得内部基础设施的搭建更加灵活。

6.9.2　应用程序容器

如果你对基于 IIS 的 .NET 应用程序部署，或者基于 servlet 容器的 Java 应用程序部署比较熟悉的话，那么应该非常了解把不同的服务放在同一个容器中，再把容器放置到单台主机上的模式，如图 6-7 所示。这么做的初衷是使用容器来简化管理，比如对多实例提供集群支持、监控等。

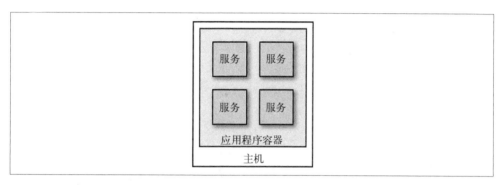

图 6-7：单台主机多个微服务

这种设置也可以节省语言运行时的开销。比如，在一个 Java servlet 容器中部署五个 Java 服务的话，只需要启动一个 JVM 即可。而如果在同一个主机上使用嵌入式容器的方式，启动五个独立的 JVM 的话，开销就会相对较大。即便如此，我还是认为这种应用程序容器的做法存在很多问题，所以在使用时需要非常谨慎。

第一个缺点是，它会不可避免地限制技术栈的选择。你只能使用一种技术栈。除此之外，它还会限制自动化和系统管理技术的选择。后面马上会提到，管理多台主机最常用的方式就是自动化，所以这种选择上的限制会造成双倍的伤害。

我对某些容器提供的特性也有质疑。它们中的很多实现，都在兜售通过集群管理来支持内存中的共享会话状态的能力，而这无论如何都是应该避免的方式，因为它会影响服务的可伸缩性。当我们考虑在微服务世界中使用的聚合监控时，它们提供的监控能力又难以支撑，第 8 章会对此做更多讨论。其中的很多容器启动时间也特别长，这会影响开发人员的反馈周期。

除此之外还存在一些其他问题。试图在类似于 JVM 这样的平台上，做一些应用程序的生命周期管理是很困难的，这比简单地重启一下 JVM 要复杂得多。因为你的多个应用程序都处在同一个进程中，所以分析资源的使用和线程也非常复杂。记住，即使你真的从某个特定技术的容器中获得了一些好处，它们也不是免费的。先不说它们中的大多数都是付费软件这一点，它们在资源上的额外开销也特别值得考虑。

从根本上来说，这个方法还是想要试图优化资源的使用，但在如今的环境下已经没有必要这么做了。无论你最终是否使用将多个服务放在一个主机中的部署模型，我都会强烈建议你看看自包含的微服务构建物。对于 .NET 来说，可能是类似 Nancy 这样的东西，而 Java 很多年前就已经支持了。举个例子，令人敬仰的 Jetty 嵌入式容器中，使用了一个非常轻量级的自包含 HTTP 服务器，而它正是 Dropwizard 技术栈的核心。Google 非常广泛地采用了嵌入式 Jetty 容器来直接服务静态内容，所以这种做法的伸缩性肯定是没有问题的。

6.9.3　每个主机一个服务

图 6-8 显示的是每个主机一个服务的模型，这种模型避免了单主机多服务的问题，并简化了监控和错误恢复。这种方式也可以减少潜在的单点故障。一台主机宕机只会影响一个服务，虽然在虚拟化平台上不一定真的是这样。第 11 章会做更多关于伸缩和故障方面的讨论。我们也可以独立于其他服务很容易地对某一个服务进行扩展，安全性措施也可以更有目的性地在更小范围内进行。

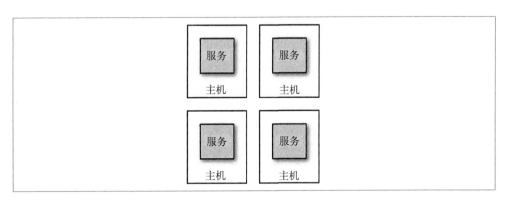

图 6-8：每个主机一个微服务

更重要的是，这样做之后我们才有可能采用一些不同的部署技术，比如前面提到的基于镜像的部署或者不可变服务器模式。

我们已经为引入微服务架构带来了很多复杂性。接下来要做的事情就是，寻找更多复杂性的根源。在我看来，如果没有一个可用的 PaaS 平台，那么这个模型从整体上可以很好地降低系统的复杂性。单主机单服务的模型会大大简化问题的排查。如果你还没有使用这个模型，我也不会说微服务就一定不适合你。但我会建议你，将其看作减小微服务复杂性的一个方法。

但主机数量的增加也可能是个问题。管理更多的服务器，运行更多不同的主机也会引入很多的隐式代价。尽管存在这些问题，但我仍然认为在使用微服务架构时这是比较好的模型。下面会讲到如何降低管理大量主机带来的额外负担。

6.9.4　平台即服务

当使用 PaaS（Platform-as-a-Service，平台即服务）时，你工作的抽象层次要比在单个主机上工作时的高。大多数这样的平台依赖于特定技术的构建物，比如 Java WAR 包或者 Ruby gem 等，这些平台还会帮你自动配置机器然后运行。其中一些能够透明地对系统进行伸缩管理，而更常用的方式（根据我的经验来看，也是更不容易出错的方式）是，允许你控制运行服务的节点数量，然后平台帮你处理其余的工作。

在编写本书时，就已经出现了很多好用的 PaaS 平台。Heroku 就是一个黄金级的 PaaS。它不仅能够管理服务的运行，还能以非常简单的方式提供数据库等服务。

在这个领域也可以自己管理主机，但相比托管服务来说，还是不够成熟。

当 PaaS 解决方案正常工作时，它们工作得特别好。但是如果出现问题，你通常没办法通过操作底层操作系统来修复这些问题。所以这也是你要做的取舍。以我的经验来看，PaaS 平台想要做得越聪明，通常也就可能错得越离谱。我用过的好几个 PaaS，都尝试根据应用程序的使用情况来自动伸缩，但都做得不好。因为平台一般都会尽量去满足一些比较通用的需求，而非特定用户的特殊需求，所以你的应用程序越不标准，就越难一起和 PaaS 进行工作。

好的 PaaS 解决方案已经为你做了很多，它们能够很好地帮你管理数量众多的组件。尽管如此，我还是不确定这些模型是否正确，且自管理主机（self-hosted）的选择又很有限，所以这种方法可能也不适合你。但是在未来的十年，我希望 PaaS 能够成为部署平台的首选，而不是自己管理主机及每个服务的部署。

6.10　自动化

我们提到的很多问题都可以使用自动化来解决。当机器数量比较少时，手动管理所有的事情是有可能的。我以前就这么做过。记得当时我管理了少量的生产环境机器，登录到机器上进行日志收集、软件部署、进程查看等工作。我的生产力似乎仅受能够打开的终端窗口的数量的限制，所以当我开始使用了第二个显示器时，生产力得到了很大的提高。但是这种方式很快就不适用了。

单主机单服务的模式会引入很多主机，从而产生很多的管理开销。如果你手动做所有的事情，那么管理开销确实会很大，如果服务器的数量翻倍，你的工作量也会翻倍！但是如果我们将主机控制、服务部署等工作自动化，那么工作量肯定就不会随着主机数量的增加而线性增长。

但即使我们控制了主机的数量，还是会有很多服务。这就意味着有更多的部署要处理、更多的服务要监控、更多的日志要收集，所以自动化很关键。

自动化还能够帮助开发人员保持工作效率。自助式配置单个服务或者一组服务的能力，会大大简化开发人员的工作。理想情况下，开发人员使用的工具链应该和部署生产环境时使用的完全一样，这样就可以及早发现问题。本章的很多技术都采纳了这个思想。

使用支持自动化的技术非常重要。让我们从管理主机的工具开始考虑这个问题，你能否通过写一行代码来启动或者关闭一个虚拟机？你能否自动化部署写好的软件？你能否不需要手工干预就完成数据库的变更？想要游刃有余地应对复杂的微服务架构，自动化是必经之路。

关于自动化好处的两个案例研究

下面讲两个使用自动化并得到好处的具体的例子。我们有一个澳洲的客户 RealEstate.com.au（REA）。这家公司在澳大利亚和亚太地区的其他地区提供房产的买卖服务。很多年来，它都在不停地朝着分布式、微服务的设计前进。刚开始这个旅程时，他们花了很多时间寻找正确的工具来帮助开发人员配置机器、部署代码、监控服务等。这些前期工作花费了很多时间。

在刚开始的三个月，REA 仅仅成功地把两个新的微服务部署上线，开发团队对所有的构建、部署及线上支持负责。在接下来的三个月，大概有 10~15 个类似的服务部署上线。18个月后，REA 已经有了 60~70 个服务。

Gilt 是一个创建于 2007 年的在线时尚品零售商，他们也有过类似 REA 这样的经历。2009年，Gilt 发现自己的单块 Rails 应用开始变得难以扩展，公司决定开始把系统分解成微服务。自动化，尤其是给开发人员使用的自动化工具，成为 Gilt 能够大量采用微服务的关键驱动力。一年后，Gilt 大约有 10 个微服务上线；2012 年，超过 100 个；2014 年，超过450 个。也就是说，在 Gilt 平均每个开发人员拥有三个微服务。

6.11   从物理机到虚拟机

管理大量主机的关键之一是，找到一些方法把现有的物理机划分成小块。类似于 VMWare这样的传统虚拟化技术或者 AWS，大大减少了管理主机的开销。在这个领域也出现了一些新的值得尝试的技术，它们会开启处理微服务架构的新的可能性。

6.11.1　传统的虚拟化技术

为什么拥有多台主机的成本会很高？如果你需要把每个服务部署在单台物理机上，那么答案是显而易见的。如果你所在的环境就是这样的，那么单主机多服务的模式可能更适合你。但是就像前面提到的，这可能会引入更多的限制。但是我怀疑你们中的大多数人，其实多多少少都使用了一些虚拟化技术。虚拟化技术允许我们把一台物理机分成多台独立的主机，每台主机可以运行不同的东西。所以如果我们想要把每个服务部署在独立的主机上，为什么不把物理设备划分成小块呢？

对某些人来说，这么做是可行的。但是把机器划分成大量的 VM 并不是免费的。把物理机想象成一个装袜子的抽屉，如果你在抽屉里放置了很多木隔板，那么可存放袜子的总量是多还是少了？答案很明显是少了，因为隔板本身也占空间！管理抽屉是比较简单的，不仅仅是放袜子，你也可以把 T 恤放在某个隔间里面，但是更多的隔板意味着更少的总空间。

虚拟化技术中也存在类似袜子抽屉中的隔板这样的东西。为了理解这些额外的开销是从哪里来的，让我们看看大多数虚拟化技术是怎么做的。图 6-9 展示了两种虚拟化技术的对比。左边叫作类型 2 虚拟化，其中包含了很多层，AWS、VMWare、VSphere、Xen 和 KVM 都属于这个类型（类型 1 虚拟化指的是只能运行在裸机之上，而不能运行在操作系统之上的技术）。在物理基础设施上存在一个主机的操作系统，在这个 OS 上运行一个叫作 hypervisor 的东西，它的任务主要有两个。第一，对 CPU 和内存等资源做从虚拟主机到物理主机的映射。第二，给我们提供一个控制虚拟机的层。

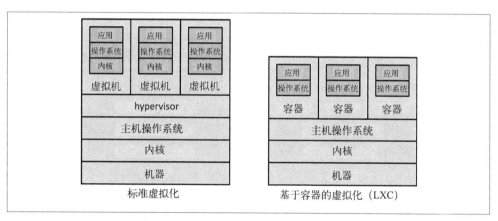

图 6-9：标准类型 2 虚拟化和轻量级容器技术的对比

VM 中的不同主机看起来完全不同。在不同的虚拟机中可以安装不同的操作系统，并且有其各自的内核。你可以认为它们就是完全密封的机器，与底层的物理机和同一个 hypervisor 之上的其他虚拟机之间都是隔离的。

这里的问题是，hypervisor 本身也需要一定的资源来完成自己的工作。它们会占用 CPU、I/O

和内存等。hypervisor 管理的主机越多，占用的资源就越多。在某个点上，这些额外的开销就会变成继续切分物理机的限制。在实际中，这意味着当你把物理机切分得越来越小时，能够得到的收益也就越有限，因为 hypervisor 占用了很多资源。

6.11.2　Vagrant

Vagrant 是一个很有用的部署平台，通常在开发和测试环境时使用，而非生产环境。Vagrant 可以在你的笔记本上创建一个虚拟的云。它的底层使用的是标准的虚拟化系统（通常是 VirtualBox，但也可以使用其他平台）。你可以使用文本文件来定义一系列虚拟机，并且可以在其中定义网络配置及镜像等信息。可以把这个文本文件提交到代码库中，与团队的其他成员共享。

这些工具能够帮助你在本地机器上轻松地创建出类生产环境。你可以同时创建多个 VM，通过关掉其中的几台来测试故障模式，并且可以把本地目录映射到虚拟机中，这样就可以在修改完代码之后立即看到效果。即使对于使用类似 AWS 这样的按需云平台的团队来说，使用 Vagrant 带来的快速反馈也能够给他们带来不少好处。

但它的缺点是，开发机上会有很多额外的资源消耗。如果一个服务占用一台虚拟机，你可能就很难在本地机器上搭建起整个系统。结果就是为了让开发和测试有好的体验，可能需要把其中一些依赖打桩，从而让事情变得可控一些。

6.11.3　Linux容器

Linux 用户可以使用另外一种虚拟化的替代方案。相比使用 hypervisor 隔离和控制虚拟主机的方法来说，Linux 容器可以创建一个隔离的进程空间，进而在这个空间中运行其他的进程。

在 Linux 上，进程必须由用户来运行，并且根据权限的不同拥有不同的能力。进程可以创建其他进程。举个例子，如果我在终端启动了一个进程，你可以认为它是终端程序的子进程。Linux 内核的任务就是维护这个进程树。

Linux 容器扩展了这个想法。每个容器就是整个系统进程树的一棵子树。内核已经帮我们完成了给这些容器分配物理资源的任务。这个通用的方法有很多具体的形式，比如 Solaris Zones 和 OpenVZ，但最流行的还是 LXC。基本上所有的现代 Linux 内核都提供了 LXC。

图 6-9 显示了一个运行 LXC 的主机，如果仔细看你会发现一些不同之处。首先，不需要 hypervisor；其次，尽管每个容器可以运行不同的操作系统发行版，但必须共享相同的内核（因为进程树存在于内核中）。这意味着，我们的主机操作系统可以运行 Ubuntu，而在容器中可以运行 CentOS，只要它们的内核相同即可。

我们得到的好处不仅仅是避免了 hypervisor 的使用，还可以加快反馈的速度，因为相比完整的虚拟机，Linux 容器可以启动得非常快。对于一台虚拟机来说，花几分钟时间来启动是很正常的，但是 Linux 容器通常只要几秒钟就能完成启动。你还可以更好地对容器进行资源的分配，这样就很容易通过一些调整来充分利用底层的硬件。

由于容器更轻量，所以在相同的硬件上能够运行的容器数量，比能够运行的虚拟机数量要大得多。如图 6-10 所示，容器之间有一定的隔离性（虽然并不完美），而且相比每个虚拟机运行一个服务来说，容器对资源的利用更加高效。

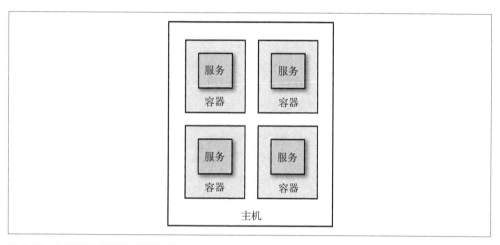

图 6-10：在隔离的容器中运行服务

容器也能够很好地与虚拟机一起工作。我见过很多项目都会选择在 AWS 的 EC2 上，启动一个比较大的实例，然后在此之上运行 LXC 容器。EC2 是一个能够提供短暂型按需计算的平台，容器非常灵活并且速度很快，灵活运用可以很好地利用二者的优势。

但 Linux 容器也不是没有任何问题的。想象一下，很多微服务运行在一台主机上的不同容器中。外界如何才能看到它们呢？你需要某种方式把外界的请求路由到内部的容器中。在虚拟化技术中，大多 hypervisor 已经帮你做好了这些事情。我曾经见过一些人花了很多时间使用 IPTable 来配置端口映射，从而能够直接将容器暴露给外界。另一点需要记住的是，这些容器并不是彼此完全隔离的，比如，有许多文档和已知的方法介绍了某些容器中的进程，有可能会跳出该容器与其他容器中的进程，或者与底层主机发生干扰。这些问题有些是故意这样设计的，有些是 bug。但不管怎样，如果你不信任你的代码[6]，那么就别指望它能够在容器中安全地运行。如果你想要的是那种隔离，那么需要考虑使用虚拟机。

注 6：比如有可能与底层平台发生干扰。——译者注

6.11.4　Docker

Docker 是构建在轻量级容器之上的平台。它帮你处理了大多数与容器管理相关的事情。你可以在 Docker 中创建和部署应用，这些基于容器的应用与 VM 世界中的镜像很类似。Docker 也能管理容器的配置，并帮你处理一些网络问题，甚至还提供了自己的 registry 概念，允许你存储 Docker 应用程序的版本。

Docker 应用抽象对我们来说非常有用，就像使用 VM 镜像技术时，底层实现服务的技术是不可见的一样。在服务的构建中可以创建出 Docker 应用程序，然后把它们存储在 Docker registry 中，那么就搞定了。

Docker 还可以缓解运行过多服务进行本地开发和测试的问题。我们可以在 Vagrant 中启动单个 VM，然后在其中运行多个 Docker 实例，每个实例中包含一个服务，而非原来的一个 Vagrant 虚拟机中包含一个服务。接下来，就可以使用 Vagrant 来创建和销毁 Docker 平台本身，并使用 Docker 来快速配置每个服务了。

很多与 Docker 相关的技术，能够帮助我们更好地使用它。CoreOS 是一个专门为 Docker 设计的操作系统。它是一个经过裁剪的 Linux OS，仅提供了有限的功能以保证 Docker 的运行。这意味着，它比其他操作系统消耗的资源更少，从而可以把更多的资源留给容器。它甚至没有类似 debs 或 RPM 这样的包管理器，所有的软件都被装在一个独立的 Docker 应用程序中，并仅在各自的容器中运行。

Docker 本身并不能解决所有的问题，它只是一个在单机上运行的简单的 PaaS。你还需要一些工具，来帮助你跨多台机器管理 Docker 实例上的服务。调度层的一个关键需求是，当你向其请求一个容器时会帮你找到相应的容器并运行它。在这个领域，Google 最近的开源工具 Kubernetes 和 CoreOS 集群技术能够提供一定的帮助，而且似乎每个月都有新的竞争者出现。另一个基于 Docker 的有趣的工具是 Deis（http://deis.io/），它试图在 Docker 之上，提供一个类似于 Heroku 那样的 PaaS。

前面我提到过 PaaS 解决方案。让我很纠结的是，这些平台经常搞错抽象级别，并且自管理主机的解决方案，又远远落后于类似 Heroku 这样的托管主机服务。但在这些方面，Docker 基本上都做对了，该领域持续升温的热度让我不禁推测，在未来的几年，它能够在各种场景下成为合适的部署平台。在很多情况下，这种 Docker 加上一个合适的调度层的解决方案介于 IaaS 和 PaaS 之间，很多地方使用 CaaS（Container-as-a-Service，容器即服务）来描述它。

有好几个公司都在生产环境使用了 Docker。它提供了很多轻量级容器的好处，比如快速启动和配置等，并且使用了一些工具来避免它的缺点。如果你正在寻找不同的部署平台，我强烈建议你看看 Docker。

6.12 一个部署接口

不管用于部署的底层平台和构建物是什么，使用统一接口来部署给定的服务都是一个很关键的实践。在很多场景下，都有触发部署的需求，从本地开发测试到生产环境部署。这些不同环境的部署机制应该尽量相似，我可不想因为部署流程不一致，导致一些只能在生产环境才能发现的问题。

在这个领域工作了这么多年后，我深信，参数化的命令行调用是触发任何部署的最合理的方式。可以使用 CI 工具来触发脚本的调用，或者手动键入。我在不同的技术栈下都编写过包装脚本来完成部署工作，从 Windows 批处理到 bash，再到 Python Fabric 脚本等。但所有这些命令行脚本的格式都大同小异。

我们要知道部署的是什么，所以需要提供已知实体的名字，在这里也就是微服务的名字，并且还需要知道该实体的版本。在不同的情况下可能会有三种不同的答案。当在本地工作时，使用本地版本即可；进行测试时，需要使用最近通过的构建，也就是在构建物仓库中最新的构建物；或者当进行测试和定位问题时，需要部署一个确切版本的构建物。

第三件也是最后一件需要我们知道的事情是，应该把微服务部署到哪个环境中。正如前面讨论过的，我们的微服务拓扑在不同的环境中，可能是不同的，但这些信息应该对我们不可见。

想象一下，我们创建了一个简单的需要这三个参数的部署脚本。在进行本地开发时，我们想要把目录服务部署到本地环境。我可能会键入：

```
$ deploy artifact=catalog environment=local version=local
```

代码一旦提交，CI 就会进行一次构建，并生成一个新的构建物，其编号为 b456。在大多数 CI 工具中，这个值都会在整个流水线中传递。到测试阶段后，CI 可以按照下面的方式运行命令：

```
$ deploy artifact=catalog environment=ci version=b456
```

同时，QA 会想要拉取最新的目录服务到集成测试环境，来进行一些探索性测试，并准备了一个 showcase。这时可以运行：

```
$ deploy artifact=catalog environment=integrated_qa version=latest
```

我使用最多的工具是 Fabric，它是一个被设计用来将命令行调用映射到函数的 Python 库，同时也能够提供类似 SSH 这样的机制来控制远程机器。结合 Boto 这样的 AWS 客户端来使用，你就能完全自动化大型 AWS 环境。对于 Ruby 来说，Capistrano 类似于 Fabric。在 Windows 上使用 PowerShell，可以达到同样的效果。

环境定义

很显然，为了完成上述工作，还需要使用某种方式对环境进行定义，并对服务在环境中的配置进行描述。你可以把环境定义想象成微服务到计算、网络和存储资源之间的映射。我以前使用 YAML 文件进行描述，使用脚本从中获取数据。示例 6-1 是几年前我在一个使用 AWS 的项目上，做过的一些工作的简化版。

示例 6-1：环境定义的例子

```
development:
  nodes:
  - ami_id: ami-e1e1234
    size:    t1.micro ❶
    credentials_name: eu-west-ssh ❷
    services: [catalog-service]
    region: eu-west-1

  production:
    nodes:
    - ami_id: ami-e1e1234
      size:    m3.xlarge ❶
      credentials_name: prod-credentials ❷
      services: [catalog-service]
      number: 5  ❸
```

❶ 改变实例的大小从而充分利用资源。你不需要一个 16 核、64GB 内存的机器来做探索性测试！

❷ 能够在不同环境中设置不同凭证（credential）的能力很关键。敏感环境的凭证信息会被存储在不同的代码库中，这些代码库只有少数人可以访问。

❸ 我们决定默认情况下，如果一个服务有多台节点需要配置，就自动为其创建一个负载均衡。

为简洁起见，我去掉了一些细节。

目录服务的信息存储到了其他地方。它在不同的环境中是一致的，如示例 6-2 所示。

示例 6-2：环境定义的例子

```
catalog-service:
  puppet_manifest : catalog.pp ❶
  connectivity:
    - protocol: tcp
      ports: [ 8080, 8081 ]
      allowed: [ WORLD ]
```

❶ 这是我们运行的 Puppet 文件的名字。在这个例子中刚好使用的是 Puppet solo，但理论上来说也可以使用其他配置系统。

很显然，这里的很多行为都是基于约定的。举个例子，我们决定规范化服务可以使用的端口，无论它们在哪里运行。当服务有一个以上实例时就会自动配置负载均衡器（AWS 的 ELB 很容易处理这件事情）。

构建一个类似于这样的系统的工作量很大。这些代价基本上都需要在前期付出，但是做好之后，它能够很好地管理部署的复杂性。我希望将来你不需要自己做这些事情。Terraform 是来自 Hashicorp 的一个很新的工具，它就可以帮你做上述事情。一般我不太会在书里提这么新的工具，因为与其说它是个工具，还不如说只是一个想法而已，但它正在朝着上述那个方向发展。目前这个工具还在初期，但它的功能似乎非常有趣。它已经支持了多个不同平台的部署工作，所以在将来，也许它能够很好地胜任这项工作。

6.13　小结

这里已经覆盖了很多内容，接下来按顺序回顾一下。首先，专注于保持服务能够独立于其他服务进行部署的能力，无论采用什么技术，请确保它能够提供这个能力。我倾向于一个服务一个代码库，对于每个微服务一个 CI 这件事情，我不仅仅是倾向，并且非常坚持，因为只有这样才能实现独立部署。

接下来，如果可能的话，将每个服务放到单独的主机 / 容器中。看看类似 LXC 或者 Docker 这样的替代技术，如何简化对多个服务的管理。但要记住的一点是，无论你采用什么技术，自动化的文化对一切管理来说都非常重要。自动化一切，如果你采用的技术不支持的话，就去选用一个新的技术吧！使用类似 AWS 这样的平台，能够在你进行自动化时提供大量的便利。

确保你理解部署技术的选择会对开发人员有怎样的影响，并确保他们也能够感受到。创建工具对任何给定服务到不同环境的自助部署提供服务，是非常重要的事情，因为它对开发、测试和运维人员都能提供很大的帮助。

最后，如果你想要深入了解这些话题，我强烈推荐你读一读 Jez Humble 和 David Farley 的《持续交付》，这本书对流水线设计和构建物管理有更深入的讨论。

在下一章中，我们会详细讨论上面提到的一个话题：如何测试微服务以确保它们能真正地工作。

第 7 章

测试

从我开始接触编程至今，自动化测试的世界日新月异，并且几乎每个月都会出现新的工具和技术，不断推动这个世界向前发展。不过，如何高效且有效地测试分布式系统的功能依然是一个挑战。本章会剖析一下测试细粒度系统面临的问题和挑战，并提出一些解决方案，帮助大家更有信心地发布新的功能。

测试的覆盖面很广，即使只讨论自动化测试，也需考虑甚多。使用微服务架构以后，测试的复杂度进一步增加。面对这样的挑战，了解测试有哪些不同的类型，对我们来说便非常重要了。它可以帮助我们实现尽早交付软件与保持软件高质量之间的平衡，因为有时鱼和熊掌是不可兼得的。

7.1 测试类型

作为一名顾问，我喜欢使用形式各异的象限来对世界进行分类。起初，我以为这本书不会有这样的象限。幸运的是，Brian Marick 想出了一个非常棒的分类测试体系，恰好就是用象限的方式。图 7-1 展示了 Lisa Crispin 和 Janet Gregory 在《敏捷软件测试》一书中，用来将不同测试类型分类的测试象限，这个象限是 Matrick 的演化版本。

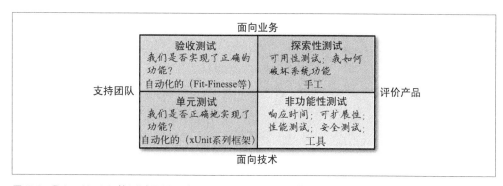

图 7-1：Brian Marick 的测试象限。出自《敏捷软件测试》第 1 版，经过 Pearson 出版社的许可进行了修改

处于象限底部的是面向技术的测试，即那些首先能够帮助开发人员构建系统的测试。这个象限里面的测试大都是可以自动化的，例如性能测试和小范围的单元测试。相对而言，处于象限顶部的测试则是帮助非技术背景的相关人群，了解系统是如何工作的。这种测试包括象限左上角的大范围、端到端的验收测试，还有象限右上角的由用户代表在 UAT 系统上进行手工验证的探索性测试。

在这个象限中，每种测试类型都有自己相应的位置。在不同系统中，每种类型的测试占比是有差别的。重点是要理解你在测试方面可以有不同的选择。放弃大规模的手工测试，尽可能多地使用自动化是近年来业界的一种趋势，对此我深表赞同。如果当前你正在使用大量的手工测试，我建议在深入微服务的道路之前，先解决这个问题，否则很难获得微服务架构带来的好处，因为你无法快速有效地验证软件。

鉴于本章的目的，我们将忽略手工测试。手工测试是很有用的，也肯定有它存在的必要。不过，测试微服务架构的系统跟测试独立系统的区别，很大程度上在于各种类型的自动化测试。因此，我们将集中精力在自动化测试上面。

那么，每种类型的自动化测试需要多大的比例呢？另一种模型在帮助我们回答这个问题上非常有用，并且有助于了解不同测试的优缺点。

7.2　测试范围

Mike Cohn 在他的《Scrum 敏捷软件开发》一书中介绍了一种叫作"测试金字塔"的模型，其中描述了不同的自动化测试类型。这个金字塔模型不仅可以帮助我们思考不同的测试类型应该覆盖的范围，还能帮助我们思考应该为这些不同的测试类型投入多大的比例。如图 7-2 所示，Cohn 在他的原始模型中把自动化测试划分为单元测试、服务测试和用户界面测试三层。

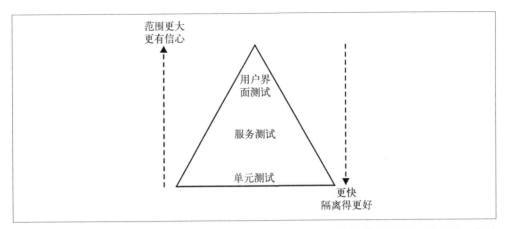

图 7-2：Mike Cohn 的测试金字塔。出自 Mike Cohn 的《Scrum 敏捷软件开发》第 1 版，经过
    Pearson 出版社的许可进行了修改

这个原始模型存在一个问题：不同的人对这些术语有不同的解读。尤其是"服务"这个词
经常有各种不同的解读，而单元测试也有很多定义。只测试一行代码是单元测试吗？我会
说是。那测试多个函数或者多个类仍然是单元测试吗？我会说不是，不过很多人并不同
意！从现在开始，尽管单元测试和服务测试这两个名称有歧义，我还是继续使用它们。不
过对于用户界面测试，接下来我们改称它为端到端测试。

考虑到大家的困惑，下面我们解释一下金字塔各层所代表的含义。

让我们用一个示例来解释。图 7-3 中包含帮助台和 Web 客户端，这两个客户端程序都通
过与客户服务的交互来获取、预览和编辑客户的详细信息。接下来我们的客户服务会与积
分账户交互。在积分账户中，客户可以通过购买贾斯汀·比伯的 CD 来累积积分。很显然，
这只是整个音乐商店系统的一小部分，但它足以让我们深入到几个不同的场景来思考如何
测试。

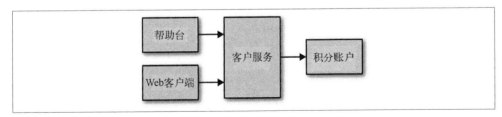

图 7-3：待测试的部分音乐商店系统

7.2.1　单元测试

单元测试通常只测试一个函数和方法调用。通过 TDD（Test-Driven Design，测试驱动开
发）写的测试就属于这一类，由基于属性的测试技术所产生的测试也属于这一类。在单元

测试中，我们不会启动服务，并且对外部文件和网络连接的使用也很有限。通常情况下你需要大量的单元测试。如果做得合理，它们运行起来会非常非常快，在现代硬件环境上运行上千个这种测试，可能连一分钟都不需要。

在 Marick 的术语中，单元测试是帮助我们开发人员的，是面向技术而非面向业务的。我们也希望通过它们来捕获大部分的缺陷。因此，如图 7-4 所示，在我们示例的客户服务中，单元测试是彼此独立的，分别覆盖一些小范围的代码。

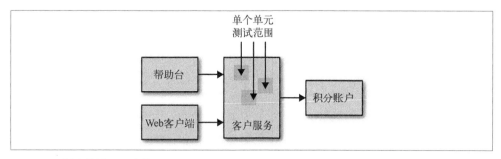

图 7-4：示例中的单元测试范围

这些测试的主要目的是，能够对于功能是否正常快速给出反馈。单元测试对于代码重构非常重要，因为我们知道，如果不小心犯了错误，这些小范围的测试能很快做出提醒，这样我们就可以放心地随时调整代码。

7.2.2　服务测试

服务测试是绕开用户界面、直接针对服务的测试。在独立应用程序中，服务测试可能只测试为用户界面提供服务的一些类。对于包含多个服务的系统，一个服务测试只测试其中一个单独服务的功能。

只测试一个单独的服务可以提高测试的隔离性，这样我们就可以更快地定位并解决问题。如图 7-5 所示，为了达到这种隔离性，我们需要给所有的外部合作者打桩，以便只把服务本身保留在测试范围内。

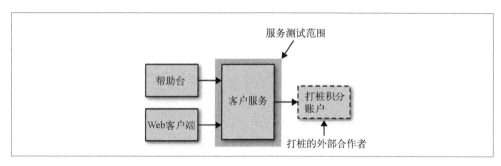

图 7-5：示例中的服务测试范围

一些服务测试可能会像单元测试一样快，但如果你在测试中使用了真实的数据库，或通过网络跟打桩的外部合作者交互，那么测试时间会增加。服务测试比简单的单元测试覆盖的范围更大，因此当运行失败时，也比单元测试更难定位问题。不过，相比更大范围的测试，服务测试中包含的组件已经少多了，因此也没大范围的测试那么脆弱。

7.2.3　端到端测试

端到端测试会覆盖整个系统。这类测试通常需要打开一个浏览器来操作图形用户界面（GUI），也很容易模仿类似上传文件这样的用户交互。

正如图 7-6 所示，这种类型的测试会覆盖大范围的产品代码。因此，当它们通过的时候你会感觉很好，会确定这些被测试过的代码在生产环境下也能工作。但是待会儿就会看到，伴随着覆盖范围的增大，一些在使用微服务过程中很难消除的负作用也会随之而来。

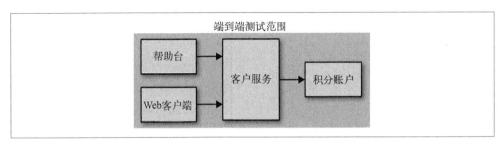

图 7-6：示例中的端到端测试范围

7.2.4　权衡

在使用这个金字塔时，应该了解到越靠近金字塔的顶端，测试覆盖的范围越大，同时我们对被测试后的功能也越有信心。而缺点是，因为需要更长的时间运行测试，所以反馈周期会变长。并且当测试失败时，比较难定位是哪个功能被破坏。而越靠近金字塔的底部，一般来说测试会越快，所以反馈周期也会变短，测试失败后更容易定位被破坏的功能，持续集成的构建时间也很短。另外，还能避免我们在不知道已经破坏了某个功能的情况下转去做新的任务。这些更小范围的测试失败后，我们更容易定位错误的地方，甚至经常能定位到具体哪行代码。从另一个角度来看，当只测试了一行代码时，我们又很难有充足的信心认为，系统作为一个整体依然能正常工作。

当范围更大的测试（比如服务测试或者端到端测试）失败以后，我们会尝试写一个单元测试来重现问题，以便将来能够以更快的速度捕获同样的错误。我们通过这种方式来持续地缩短反馈周期。

事实上，我曾经待过的所有团队使用的测试类别名称都跟 Cohn 在金字塔中使用的不完全相同。不过，不管怎么称呼它们，测试金字塔的关键是，为不同目的选择不同的测试来覆盖不同的范围。

7.2.5　比例

既然所有的测试都有优缺点，那每种类型需要占多大的比例呢？一个好的经验法则是，顺着金字塔向下，下面一层的测试数量要比上面一层多一个数量级。如果当前的权衡确实给你带来了问题，那可以尝试调整不同类型自动化测试的比例，这是非常重要的！

举个例子，我曾在一个单块系统上工作过，这个系统有 4000 个单元测试、1000 个服务测试和 60 个端到端测试。我们发现测试的反馈周期很长，其原因在于有太多的服务测试和端到端测试（后者是反馈周期变长的罪魁祸首），之后我们便尽量使用小范围的测试来替换这些大范围的测试。

一种常见的测试反模式，通常被称为测试甜筒或倒金字塔。在这种反模式中，有一些甚至没有小范围的测试，只有大范围的测试。这些项目的测试运行起来往往极度缓慢，反馈周期很长。如果把这些缓慢的测试作为持续集成的一部分，那就很难做到多次构建。而长时间的构建也意味着当提交有错误时，需要很长一段时间才能发现这个问题。

7.3　实现服务测试

在自动化测试的所有类型中，单元测试是比较简单的，相关的资料也非常多。而服务测试和端到端测试的实现则要复杂得多。

服务测试只想要测试一个单独服务的功能，为了隔离其他的相关服务，需要一种方法给所有的外部合作者打桩。如果想要测试像图 7-3 那样的客户服务，我们需要部署这个服务的实例，然后给它所有的下游合作服务打桩。

构建是持续集成的第一步，它会为服务创建一个二进制的包，所以部署服务很明确。不过我们该如何给下游的合作者打桩呢？

对于每一位下游合作者，我们都需要一个打桩服务，然后在运行服务测试的时候启动它们（或者确保它们正常运行）。我们还需要配置被测服务，在测试过程中连接这些打桩服务。接着，为了模仿真实的服务，我们需要配置打桩服务为被测服务的请求发回响应。例如，我们可以配置积分账户为不同的客户返回不同的预设积分。

7.3.1　mock还是打桩

打桩，是指为被测服务的请求创建一些有着预设响应的打桩服务。比如我可能会设置积分账户，当有请求询问客户 123 的余额时，它应该返回 15 000。这时候的测试不关心这个打桩服务被访问了 0 次、1 次还是 100 次。另一种替换打桩的方式是 mock。

与打桩相比，mock 还会进一步验证请求本身是否被正确调用。如果与期望请求不匹配，测试便会失败。这种方式的实现，需要我们创建更智能的模拟合作者，但过度使用 mock 会让测试变得脆弱。相比之下，前面提到的打桩并不在乎请求发生了 0 次、1 次还是很多次。

有时候可以用 mock 来验证预期的副作用是否发生。例如，可以使用 mock 来验证创建一个客户后，与其相关的积分余额是否也被创建。无论在单元测试还是在服务测试中，使用打桩还是 mock 都是很微妙的选择。不过一般来说，我在服务测试中使用打桩的次数要远远超过使用 mock 的次数。关于如何权衡两者的更深入的讨论，大家可以参考弗里曼和普雷斯的书《测试驱动的面向对象软件开发》。

通常，我使用 mock 的次数不多。不过有一个能够同时支持 mock 和打桩的工具还是很有用的。

在我看来，打桩和 mock 之间的区别很明显。不过据我了解，很多人会感到困惑，特别是当再引入其他诸如 fakes、spies 和 dummies 这些术语时。Martin Fowler 把包括打桩和 mock 在内的所有这些术语统称为测试替身（Test Double）。

7.3.2　智能的打桩服务

以前我都是自己创建打桩服务。为了启动测试需要的打桩服务，我尝试过 Apache、Nginx 和嵌入式 Jetty 容器，甚至还使用过命令行启动 Python 的 Web 服务器。这样的工作我曾经重复做了很多次。我在 ThoughtWorks 的同事 Brandon Bryars，创建了一个叫作 Mountebank 的打桩 /mock 服务器，它帮助了很多人避免像我那样重复工作多次。

可以把 Mountebank 看作一个通过 HTTP 可编程的小应用软件。虽然它是用 Node.js 编写的，但对调用它的服务来说这完全是透明的。当启动后，你可以发送命令告诉它需要打桩什么端口、使用哪种协议（目前支持 TCP、HTTP 和 HTTPS，未来会支持更多）以及当收到请求时该响应什么内容。当你想把它当 mock 来使用时，它还支持对预期行为的设置。你可以在 Montebank 的一个实例上，很方便地添加或删除打桩接口，这样就可以使用一个实例来打桩多个下游的合作服务。

所以，在运行客户服务的服务测试时，我们需要启动客户服务本身外加一个 Mountebank 的实例来作为积分账户的替身。如果这些测试通过，我立马就可以部署客户服务啦！等等，真的可以吗？那些调用客户服务的服务（比如帮助台和网络商店）怎么办？我们更新的内容是否会影响它们？是的，我们差点忘记了，测试金字塔顶部还有一个非常重要的测试：端到端测试。

7.4　微妙的端到端测试

在微服务系统中，界面展示的一个功能往往涉及多个服务。Mike Cohn 在金字塔中引入端到端测试，关键是想通过这种用户界面的测试覆盖其涉及的所有服务，从而帮助我们了解系统的概况。

所以，运行端到端测试需要部署多个服务。显然，这种测试可以覆盖更大的范围，也让我们对系统的正常工作更有信心。另一方面，这种测试运行起来比较慢，定位失败也更加困难。为了更深入地理解这些优缺点，我们来看看前面的例子是如何体现这些的。

假设我们开发了客户服务的一个新版本。我们想尽快把新版本部署到生产环境，但又担心引入的某些变化会破坏帮助台或者网络商店的功能。没问题，让我们部署所有的服务，然后对帮助台和网络商店运行一些端到端测试来验证是否引入了缺陷。一个不成熟的方案是，直接在客户服务流水线的最后增加这些测试，如图 7-7 所示。

图 7-7：加在客户服务流水线的最后：这种方式正确吗？

到目前为止还好。但我们首先需要问自己一个问题：应该使用其他服务的哪个版本？是否应该使用与生产环境相同的帮助台和网络商店版本？这是一个合理的假设，但是如果帮助台或网络商店也有新的版本准备上线，那该怎么办呢？

另一个问题是，如果说客户服务的测试需要部署多个服务，然后运行端到端测试来覆盖，那么其他服务的端到端测试该怎么办？如果它们也测试同样的功能，就会发现这些测试有很多的重叠，而且需要在运行测试前花费大量的成本来重复部署这些服务。

解决这两个问题的一种优雅的方法是，让多个流水线扇入（fan in）到一个独立的端到端测试的阶段（stage）。使用这种方法，任意一个服务的构建都会触发一次端到端测试，如图 7-8 所示。一些更好地支持构建流水线的 CI 工具可以很方便地实现这样的扇入模型。

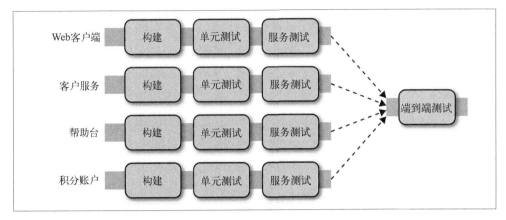

图 7-8：覆盖多个服务的端到端测试的一种标准方式

这样，任意一个服务在任何时候只要发生变化，我们都会运行针对这些服务的测试。如果测试通过，便会触发端到端测试。这个方法听起来很棒，不是吗？不过，这样做还是会有一些问题。

7.5　端到端测试的缺点

遗憾的是，端到端测试有很多的缺点。

7.6　脆弱的测试

随着测试范围的扩大，纳入测试的服务数量也会相应地增加。这些服务有可能会使测试失败，而这种失败并不是因为功能真的被破坏了，而是由其他一些原因引起的。举例来说，如果我们有一个测试来验证订购 CD 的功能，这个功能涉及四到五个服务，其中任意一个服务停止运行都会导致测试的失败，但这种失败与被测的功能本身没有关系。同样，一个临时的网络故障也可能导致测试失败，这也跟被测的功能本身没有关系。

包含在测试中的服务数量越多，测试就会越脆弱，不确定性也就越强。如果测试失败以后每个人都只是想重新运行一遍测试，然后希望有可能通过，那么这种测试是脆弱的。不仅这种涉及多个服务的测试很脆弱，涉及多线程功能的测试通常也会有问题，测试失败有时是因为资源竞争、超时等，有时是功能真的被破坏了。脆弱的测试是我们的敌人，因为这种测试的失败不能告诉我们什么有用的信息。如果所有人都习惯于重新构建 CI，以期望刚失败的测试通过，那么最终结果只能是看到堆积的提交，然后突然间你会发现有一大堆功能早已经被破坏了。

当发现脆弱的测试时，我们应该竭尽全力去解决这个问题。否则，人们就会开始对测试套件失去信心，因为它们"总是这样失败"。一个包含脆弱测试的测试套件往往会成为 Diane

Vaughn 所说的异常正常化（the normalization of deviance）的受害者，也就是说，随着时间的推移，我们对事情出错变得习以为常，并开始接受它们是正常的。[7] 因为人类有这种倾向，所以在开始接受失败测试是正常的之前，应该尽快找到这些脆弱的测试并消除它们。

在 "Eradicating Non-Determinism in Tests" 这篇博文中，Martin Fowler 建议发现脆弱的测试时应该立刻记录下来，当不能立即修复时，需要把它们从测试套件中移除，然后就可以不受打扰地安心修复它们。修复时，首先看看能不能通过重写来避免被测代码运行在多个线程中，再看看是否能让运行的环境更稳定。更好的方法是，看看能否用不易出现问题的小范围测试取代脆弱的端到端测试。有时候，改变被测软件本身以使之更容易测试也是一个正确的方向。

7.6.1　谁来写这些测试

既然这些测试是某服务流水线的一部分，一个比较合理的想法是，拥有这些服务的团队应该写这些测试（我们将在第 10 章进一步讨论服务所有权的话题）。但是需要考虑当一个服务涉及多个团队，而且端到端测试也被多个团队共享时，谁该负责实现和维护这些测试？

我曾经见过很多反模式。一种情况是，这些测试对所有人开放，所有团队成员都可以在无须对测试套件质量有任何理解的情况下随意添加测试。这往往会导致测试用例爆炸，有时甚至会导致我们前面谈到的测试甜筒。我还曾经看到过这样的情况，因为测试没有真正的拥有者，所以它们的结果会被忽略。当测试失败后，每个人都认为是别人的问题，大家根本不在乎测试是否通过。

有些组织的答案是由一个专门的团队来写这些测试。这可能是灾难性的。开发软件的人渐渐远离测试代码，周期时间（cycle time）会变长，因为服务的拥有者实现功能需要等待测试团队来写端到端测试。因为这些测试由别的团队编写，实现服务的团队很少参与，所以很难了解如何运行和修复这些测试。很不幸，这是一个非常常见的组织模式，只要团队没有在第一时间测试自己所写的代码，就会出现很大的问题。

在这方面做到正确真的很难。我们不想做重复的工作，也不想过度集权，比如让测试远离实现服务的团队。我发现最好的平衡是共享端到端测试套件的代码权，但同时对测试套件联合负责。团队可以随意提交测试到这个套件，但实现服务的团队必须全都负责维护套件的健康。如果你想在多个团队中大范围地使用端到端测试，这种方法是必要的，然而我看到的团队很少这样做，所以存在的问题也很多。

7.6.2　测试多长时间

运行这些端到端测试需要很长时间。我见到过至少需要运行整整一天的测试。在我曾经做

注 7：Diane Vaughan, *The Challenger Launch Decision: Risky Technology, Culture, and Deviance at NASA* (Chicago: University of Chicago Press, 1996).

过的一个项目中，运行一套完整的回归测试需要六个星期！实际上，我很少看到团队精细地管理端到端测试套件、减少重复覆盖的测试或花足够的时间让它们变快。

运行缓慢和脆弱性是很大的问题。一个测试套件需要花整整一天时间来运行，然后经常有与功能破坏无关的测试失败，这就是个灾难。即使真的是功能被破坏了，也需要花很长时间才能发现，而此时大家已经开始转做其他的事情了，切换大脑的上下文来修复测试是很痛苦的。

并行运行测试可以改善缓慢的问题。可以使用 Selenium Grid 等工具来达到这个效果。然而这种方法并不能代替去真正了解什么需要被测试，以及哪些不必要的测试可以被删掉。

删除测试往往令人担忧，我怀疑这与想要移除机场的某些安保措施有共通点。无论安保措施多么无效，当你想要移除它们时，人们都会下意识地认为这是无视人们的安全，或想要帮助恐怖分子。很难在增加的价值和承受的负担之间寻求平衡。这是一个困难的风险 / 回报权衡。当你删除一个测试时，会有人感谢你吗？也许吧。不过，如果因为你删除的测试而漏掉一个缺陷，你肯定会被指责。然而在处理覆盖范围广的测试套件时，删除测试是非常有用的。如果相同的特性在 20 个不同的测试中被覆盖，而运行这些测试需要 10 分钟，也许我们可以删掉其中的一半。如果要这样做，你需要更好地理解风险，而这刚好是人类所不擅长的。结果就是，你很少能见到有人能够精细地对大范围、高负担的测试进行管理和维护。希望它发生与真正让它发生是不一样的。

7.6.3 大量的堆积

端到端测试的反馈周期过长，不仅会影响开发人员的生产效率，同时任何失败的修复周期也都会变长，这也就不可避免地减少了端到端测试通过的次数。如果只有在所有测试通过的前提下才能部署软件（你应该这么做），那么服务被部署的次数也会减少。

这可能会导致大量的堆积。在修复失败的端到端测试的同时，上游团队一直在提交更多的变更。结果是，除了使修复构建更加困难外，要部署的变更内容也多了。解决这个问题的一个方法是，端到端测试失败后禁止提交代码，但考虑到测试套件的运行时间过长，这个要求通常是不切实际的。试想一下这样的命令："你们 30 个开发人员在这个耗时 7 小时的构建修复之前不准提交代码！"

部署的变更内容越多，发布的风险就会越高，我们就越有可能破坏一些功能。保障频繁发布软件的关键是基于这样的一个想法：尽可能频繁地发布小范围的改变。

7.6.4 元版本

在端到端测试阶段，人们很容易有这样的想法：我知道所有服务在这些版本下能够一起工作，为什么不一起部署它们呢？这个对话很快会演化成：为什么不给整个系统使用同一个版本号呢？引用 Brandon Bryars 的话："现在 2.1.0 有问题了。"

为应用于多个服务上的修改使用相同的版本，会使得我们很快接受这样的理念：同时修改和部署多个服务是可以接受的。这个成了常态，成了正常的情况。而这样做后，我们就会丢弃微服务的主要优势之一：独立于其他服务单独部署一个服务的能力。

把多个服务一起进行部署经常会导致服务的耦合。不用很长时间，本来分离得很好的服务就会与其他服务纠缠得越来越紧密，而你可能从未注意到，因为从未试图单独部署它们。最终，系统杂乱无序，你必须同时部署多个服务。正如我们前面所讨论的，这种耦合会使我们处于比使用一个单块应用还要糟糕的地步。

这情况太糟糕了。

7.7 测试场景，而不是故事

尽管有如上所述的缺点，但对许多用户来说，覆盖一两个服务的端到端测试还是可管理的，也是有意义的。但覆盖 3 个、4 个、10 个或 20 个服务的测试怎么办？不用多长时间，这些测试套件便会变得非常臃肿，而在最坏的情况下，这个测试场景甚至可能会出现笛卡儿积式的爆炸。

如果我们掉进陷阱，为每一个新添加的功能增加一个新的端到端测试，那么这种情况会加剧恶化。 当你给我展示每实现一个新的故事便添加一个新的端到端测试的代码库时，我将向你展示一个臃肿的测试套件、很长的反馈周期和巨大的重叠测试覆盖率。

解决这个问题的最佳方法是，把测试整个系统的重心放到少量核心的场景上来。把任何在这些核心场景之外的功能放在相互隔离的服务测试中覆盖。团队之间需要就这些核心场景达成一致，并共同拥有。对于音乐商店来说，我们可能会专注于像购买 CD、退货或创建一个客户等高价值的交互，它们的数量应该很少。

通过专注于少量（"少量"的意思是即使对于一个复杂系统来说，也应该是非常低的两位数）的测试，我们可以缓解端到端测试的缺点，但并不能避免所有的缺点。还有更好的方法吗？

7.8 拯救我们的消费者驱动的测试

使用之前所提到的端到端测试，我们试图解决的关键问题是什么？是试图确保部署新的服务到生产环境后，变更不会破坏新服务的消费者。有一种不需要使用真正的消费者也能达到同样目的的方式，它就是 CDC（Consumer-Driven Contract，消费者驱动的契约）。

当使用 CDC 时，我们会定义服务（或生产者）的消费者的期望。这些期望最终会变成对生产者运行的测试代码。如果使用得当，这些 CDC 应该成为生产者 CI 流水线的一部分，这样可以确保，如果这些契约被破坏了的话，生产者就无法部署。更重要的是，从测试反馈周期的角度来看，因为只需针对生产者运行这些 CDC 测试，所以它比要解决同样问题的端到端测试更快，也更可靠。

让我们再看一下客户服务的这个例子。客户服务有两个相互独立的消费者：帮助台和网络商店。这两个消费者都有对客户服务的某些期望。在这个例子中，我们将创建两个测试集合，每个集合分别体现帮助台和网络商店对客户服务的使用方式。一个好的实践是，生产者和消费者团队协作来写这部分测试，所以，帮助台和网络商店的团队成员可以跟客户服务的团队成员结对来编写这些测试。

因为这些 CDC 是对客户服务如何工作的期望，所以如图 7-9 所示，客户服务本身的所有下游依赖都可以使用打桩。从测试范围的角度来看，如图 7-10 所示，它们与测试金字塔中的服务测试处在同一层，但侧重点却非常不同。这些测试侧重在消费者如何使用服务，测试失败的解决方式与服务测试相比会有很大的不同。如果在客户服务的构建过程中一个 CDC 失败了，消费者很明显将会受到影响。此时你可以选择修复这个问题，或者如我们在第 4 章中所提到的，启动一个引入破坏性变化的讨论。所以通过 CDC，无需使用时间可能很长的端到端测试，我们就可以在进入生产环境之前发现破坏性变化。

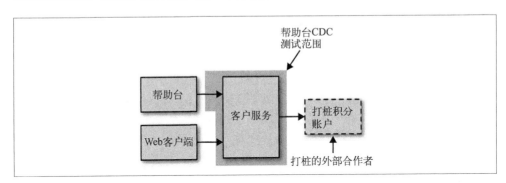

图 7-9：客户服务的消费者驱动的测试

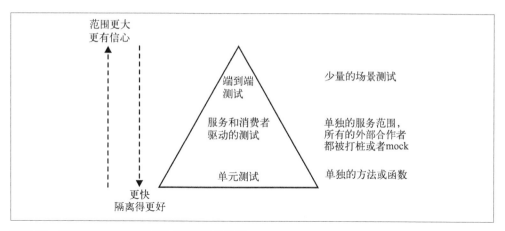

图 7-10：把消费者契约的测试集成到测试金字塔

7.8.1 Pact

Pact 是一个消费者驱动的测试工具，最初是在开发 RealEstate.com.au 的过程中创建的，现在已经开源，功能大部分是由 Beth Skurrie 组织开发的。该工具最初是使用 Ruby 语言，现在支持包括 JVM 和 .NET 的版本。

Pact 的工作方式非常有趣，如图 7-11 所示。开始时，消费者使用 Ruby DSL 来定义生产者的期望。然后启动一个本地 mock 服务器，并对其运行期望来生成 Pact 规范文件。Pact 规范文件是一个标准的 JSON 规范，所以事实上，你可以手写该规范，但使用语言支持的 API 来生成该规范显然要容易得多。同时，它还能提供给你一个 mock 服务器，以后可用来独立地测试消费者。

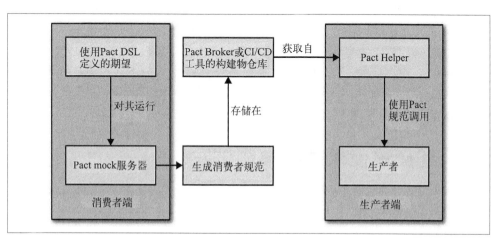

图 7-11：概述 Pact 如何实现消费者驱动的测试

在生产者这边，你可以使用 JSON Pact 规范来驱动对生产者 API 的调用，然后验证响应以测试消费者的规范是否被满足。因此生产者代码库需要访问 Pact 文件。正如我们在第 6 章所讨论的，我们期望消费者和生产者是异构的，所以与语言无关的 JSON 规范是一个非常好的选择。这意味着，你可以使用 Ruby 的客户端来生成消费者规范，然后在 Pact 的 JVM 版本上用该规范来验证一个 Java 的生产者。

Pact 的 JSON 规范是由消费者生成的，该规范需要成为一个生产者可访问的构建物。你可以把它存储在 CI/CD 工具的构建物仓库中，或者使用 Pact Broker，Pact Broker 允许你存储 Pact 规范的多个版本。这就允许你针对消费者的多个不同版本运行消费者驱动的契约测试。比如说，假如你想测在生产环境上的消费者，也想测开发中的消费者的最新版本，这个功能就会很有用。

容易让人混淆的是，ThoughtWorks 有一个叫作 Pacto 的开源项目，它也是一个用于消费者驱动测试的 Ruby 工具，它可以通过记录消费者和服务之间的交互生成规范。这使得为现有服务编写消费者的契约相当容易。通过 Pacto 生成的这些规范或多或少是静态的，而在使用 Pact 时，消费者的每次构建都能生成新的规范。事实上，你甚至可以为未实现的生产者定义预期规范，这可以成为仍在（或尚未）开发的生产服务工作流的一部分。

7.8.2 关于沟通

在敏捷中，故事通常被认为是一种促进沟通的方式。CDC 也起到类似的作用。它们可以推动关于如何编写一组服务的 API 的讨论，当其被破坏时也可以触发 API 该如何演进的讨论。

重要的是，CDC 需要消费者和生产服务之间具有良好的沟通和信任。如果双方都在同一个团队（或就是同一个人！），那么这应该不难。然而，如果你消费的服务由第三方提供，那么 CDC 可能不适用，因为你们可能缺乏充分的沟通及信任。在这种情况下，对有可能出错的组件不得不使用有限的大范围的端到端测试。换一个场景，如果是为成千上万的潜在消费者创建 API（比如一个公开可用的 Web 服务的 API），你可能不得不自己扮演消费者（或者说一部分消费者）的角色来定义这些测试。破坏大量的外部消费者是非常糟糕的事情，这种情况下 CDC 就显得尤为重要!

7.9 还应该使用端到端测试吗

本章之前的内容详细地描述了端到端测试的大量缺点，而随着测试覆盖的服务数量的增加，这些缺点会更加凸显。一段时间以来，通过跟实施大规模微服务的人一直保持交流，我意识到随着时间的推移，大部分人更喜欢使用类似 CDC 的工具和更好的监控来代替端到端测试。但这并不意味着端到端测试应该被全部扔掉。他们会在使用一种叫作语义监控

（semantic monitoring）的技术来监控生产系统时，用到端到端场景测试，我们在第 8 章会讨论更多这方面的内容。

可以把运行端到端测试当作把服务部署到生产环境的辅助轮。当你正在学习使用 CDC 及提高生产环境的监控和部署技术时，这些端到端测试能形成一个有用的安全网，你可以认为这是在周期时间和低风险之间做取舍。不过在改善其他方面时，你可以慢慢减少对端到端测试的依赖，直至完全不需要。

同样，你可能处在一个对从生产环境中学习没什么兴趣的工作环境，大家更愿意在部署到生产环境之前，尽可能努力地消除所有缺陷，即使这意味着发布软件需要更长的时间。你要知道，再怎么测试也不可能消除所有的缺陷，所以生产环境中有效的监控和修复还是有必要的。理解了这一点，你就能够理解从生产环境中学习是一个明智的决定。

当然，对你所在组织的风险，你理解得要比我多很多，但在这里我想促使大家多思考一下，有多少端到端测试是我们真正需要的。

7.10   部署后再测试

大多数测试会在系统部署到生产环境之前完成。我们通过测试定义一系列的模型，希望证明在功能需求和非功能需求方面，系统的工作方式和行为都符合预期。但如果我们的模型并不完美，那么系统在面对愤怒的使用者时就会出现问题。缺陷会溜进生产环境，新的失效模式会出现，用户也会以我们意想不到的方式来使用系统。

我们对此通常的反应是，定义更多的测试来改进我们的模型，以便将来尽早捕获更多的问题，从而减少发生在生产环境中缺陷的次数。然而我们必须承认，使用这种方法得到的收益会逐渐减少。仅仅依靠部署之前进行的测试，我们不可能把缺陷率降为零。

7.10.1   区分部署和上线

在更多问题发生之前捕获它们。要达到这个目的，一种方式是突破传统的在部署之前运行测试的方法。如果可以部署软件到生产环境，在有真正生产负载（production load）之前运行测试，我们可以发现特定环境中的问题。一个常见的例子是，用来验证部署后的系统是否正常工作的、针对新部署软件的一系列的冒烟测试套件。这些测试帮助我们识别与环境有关的任何问题。如果你能够使用一条命令来部署任何给定的微服务（应该这么做），应该把自动运行冒烟测试也加到这条命令中。

另一个例子是所谓的蓝 / 绿部署。使用蓝 / 绿部署时，我们会部署两份软件，但只有一个接受真正的请求。

让我们考虑一个简单的例子，如图 7-12 所示。在生产环境中，我们使用客户服务的 v123

版本。我们想要部署一个新版本 v456。v123 正常工作的同时，我们部署 v456 版本，但先不直接接受请求。相反，我们先对新部署的版本运行一些测试。等测试没有问题后，我们再切换生产负荷到新部署的 v456 版本的客户服务。通常情况下，我们会保留旧版本一小段时间，这样如果我们发现任何错误，能够快速恢复到旧的版本。

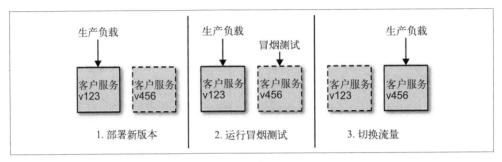

图 7-12：使用蓝 / 绿部署区分部署和上线

实施蓝 / 绿部署有几个前提条件。首先，你需要能够切换生产流量到不同的主机（或主机集群）上。切换可以通过改变 DNS 条目，或更改负载均衡的配置。你还需要提供足够多的主机，以支持并行运行两个版本的微服务。如果你正在使用一个弹性云提供商，这个要求对你来说可能很简单。使用蓝 / 绿部署可以降低风险，也让你有能力在遇到问题时尽快恢复。如果做得足够好，整个过程可以完全自动化，在无需人工干预的情况下完整地部署或恢复。

保持旧版本运行，除了给予我们在切换生产流量前可以测试服务这个好处外，还可以大幅度地减少发布软件所需的停机时间。使用某些生产流量重定向的机制时，我们甚至可以做到在客户无感知的情况下进行版本切换，达到零宕机部署。

还有一种方式值得我们详细讨论一下，它有时会与蓝 / 绿部署相混淆，因为它会使用一些类似的实现技术。这种方式被称为金丝雀发布（canary releasing）。

7.10.2　金丝雀发布

金丝雀发布是指通过将部分生产流量引流到新部署的系统，来验证系统是否按预期执行。"按预期执行"可以涵盖很多内容，包括功能性的和非功能性的。例如，我们可以验证新部署服务的请求响应时间是否在 500 毫秒以内，或者查看新服务和旧服务是否有相同的错误率比例（proportional error rate）。甚至更进一步，如果我们要发布一个新版本的推荐服务，可以同时运行两个版本，然后看看新版本的推荐服务是否能够达到预期的销售量，以确保我们没有发布一个次优算法的服务。如果新版本没有达到预期，我们可以迅速恢复到旧版本。如果达到了预期，我们可以引导更多的流量到新版本。金丝雀发布与蓝 / 绿发布的不同之处在于，新旧版本共存的时间更长，而且经常会调整流量。

Netflix 广泛使用这种方法。发布前会部署新的服务版本，同时部署一个与生产环境相同版本的作为基线。然后，Netflix 会在几个小时内，引导一小部分生产流量到新版本和基线上，同时为两个计分。如果金丝雀的分数高于基线的分数，Netflix 才会全面部署新版本到生产环境。

当考虑使用金丝雀发布时，你需要选择是要引导部分生产请求到金丝雀，还是直接复制一份生产请求。有些团队选择先复制一份生产请求，然后引导复制的请求到金丝雀。使用这种方法，现运行的生产版本和金丝雀版本可以有相同的请求，只是生产环境的请求结果是外部可见的。这方便大家对新旧版本做比较，同时又避免假如金丝雀失败，影响到客户的请求。不过，复制生产请求的工作可能会很复杂，尤其是在事件 / 请求不是幂等的情况下。

金丝雀发布是一种功能强大的技术，帮助大家用实际的请求来验证软件的新版本，同时可能推出一个糟糕的新版本，提供工具来帮助控制风险。不过，它也确实比蓝 / 绿部署需要更复杂的配置和更多的思考。你可以比蓝 / 绿部署共存多版本服务的时间更长，不过也会比蓝 / 绿部署占用更多，时间更长的硬件资源。你还需要更复杂的请求路由，因为为了对发布工作更有信心，你可能需要增加或减少请求。不过如果你已经实现蓝 / 绿部署，那实现金丝雀发布需要的部分构建块可能已经有了。

7.10.3 平均修复时间胜过平均故障间隔时间

通过使用蓝 / 绿部署和金丝雀发布技术，我们找到了方法，在类生产环境（甚至就是生产环境）上测试，我们还构建工具来帮助管理有可能发生的失败。使用这些方法其实是，默认我们无法在软件发布之前，发现和捕获所有的问题。

有时花费相同的努力让发布变更变得更好，比添加更多的自动化功能测试更加有益。在 Web 操作的世界，这通常被称为平均故障间隔时间（Mean Time Between Failures，MTBF）和平均修复时间（Mean Time To Repair，MTTR）之间的权衡优化。

减少修复时间的技术可以简单到尽快回滚加上良好的监控（在第 8 章我们将讨论），类似蓝 / 绿部署。如果我们能早点发现生产中的问题，尽快回滚，就可以减少对客户的影响。我们还可以使用蓝 / 绿部署技术，部署软件的一个新版本，在生产环境对它进行测试之后再引导用户到新版本。

对于不同的组织，MTBF 和 MTTR 之间的权衡会有所不同，这取决于对在生产环境中失败带来的影响的正确理解。然而，我看到大多数的组织，花费了大量的时间编写功能测试套件，而花费很少的时间，甚至完全没有考虑如何更好地监控和如何从故障中恢复。因此，尽管他们可能在部署生产环境前发现并消除了很多缺陷，但是也无法保证能够消除所有的缺陷，并且假如有些缺陷在生产环境中真的出现，他们根本没有做好任何应对准备。

除了 MTBF 和 MTTR 之外，还有别的权衡存在。例如，如果你正试图了解是否有人会真正使用你的软件，那需要尽快发布软件，这比构建健壮的软件更有意义，因为可以验证之前的想法或业务模型是否工作。在上面例子的情况下，测试可能都是多余的，因为不知道你的想法是否工作，其影响要远远大于生产环境上的一个缺陷。在这种情况下，在生产之前完全不测试是非常明智的。

7.11　跨功能的测试

本章大部分内容集中在讨论测试特定的功能，以及这种功能测试在微服务系统下有哪些不同。不过，还有一种类型的测试也是非常重要的，值得我们在这讨论一下。非功能性需求，是对系统展现的一些特性的一个总括的术语，这些特性不能像普通的特性那样简单实现。它包括以下方面，比如一个网页可接受的延迟时间，系统能够支持的用户数量，用户界面如何让残疾人也可以访问，或者如何保障客户数据的安全。

非功能性这个术语一直很困扰我。这个术语所涵盖的一些内容，本质上似乎也是功能性的啊！我的一个同事 Sarah Taraporewalla，使用跨功能需求（Cross-Functional Requirement, CFR）来替换非功能需求，我非常喜欢这个术语，因为它展现了这样一个事实，这些系统行为仅仅是许多横切工作融合的结果。

如果不是大多数，很多的 CFR 只能在生产环境测试。也就是说，我们可以定义一些测试策略来帮助我们看看，是否至少是朝着满足这些目标的方向前进。这些测试归类为属性测试象限。性能测试是其中一个很好的例子，我们马上会深入地讨论。

对于一些 CFR，你可能希望在一个单独的服务上跟踪。例如，你可能希望你的支付服务的持久性明显高一些，而音乐推荐服务则允许更多的停机时间，因为你知道，即使 10 分钟左右无法推荐类似于金属乐队的艺术家，你的核心业务也不会受影响。这些权衡最终会对你如何设计和演化系统有一个比较大的影响，再强调一次，合适粒度的微服务会给你更多的机会做这些权衡。

CFR 的测试也应该遵循金字塔。一些测试必须使用端到端，例如负载测试，但其他不需要。例如，一旦你发现一个端到端的负载测试的性能瓶颈，编写一个小范围的测试，帮助你在未来发现这个问题。其他 CFR 的测试很容易使用更快的测试。我记得在一个项目中，我们坚持确保 HTML 标记使用适当的可访问性特性，来帮助残疾人使用我们的网站。检查生成的标记来确保适当的特性，不需要任何网络的往返，很快就可以完成。

考虑 CFR 时常太迟了。我强烈建议尽早去看 CFR，并定期审查。

性能测试

性能测试作为满足跨功能需求的一个方法是值得明确说明的。将系统拆分为较小的微服务后，跨网络边界调用的次数明显增加了。之前操作可能只涉及一次的数据库调用，现在可能涉及三四次跨网络边界来调用其他服务，还有匹配数量的数据库调用。所有这些调用都可能减缓系统操作的速度。因此，追踪延迟的根源显得尤为重要。当有多个同步的调用链时，链的任何部分变得缓慢，整个链都会受影响，最终会对整体速度有明显的影响。这使得用一些方法对微服务系统进行性能测试，比对单块系统更重要。通常性能测试被推迟的原因是，最初没有足够的系统资源用于测试。我理解这个原因，但通常性能测试会一直拖延，如果不是直到上线都没有发生的话，也通常只在上线前才会发生！不要掉入这个拖延的陷阱。

与功能测试类似，性能测试也可以是各种范围测试的混合。你可能决定想测试单个独立服务的性能，但开始的时候，可以用测试来检查系统中的核心场景的性能。你可以简单地使用端到端场景的测试，然后大量并发运行。

为了产生有价值的结果，我们经常需要模拟客户逐渐增多，然后在给定的客户场景一起运行。这可以帮助我们发现，调用延迟随着负荷的增加如何变化，这意味着性能测试需要运行一段时间。此外，我们希望性能测试的环境与系统的生产环境尽可能匹配，以确保看到的结果能表明在生产系统也会有同样的表现。这意味着，我们需要一个类似生产的数据量，并需要更多的机器来匹配基础设施——一项蛮有挑战的任务。即使我们仍在纠结是否让性能测试的环境真正类似于生产环境，性能测试对追踪性能的瓶颈仍然是有价值的。只是需要注意，结果可能是假阴性，甚至更糟，是假阳性。

由于性能测试运行的时间长，因此在每次构建的时候都运行性能测试并不是可行的。一个常见的做法是，每天运行一个子集，每周运行一个更大的集合。不管选择哪种方法，我们都要确保尽可能频繁地运行。越长时间没有运行性能测试，就越难追踪最初引起性能问题的原因。性能问题很难解决，因此，如果新引入的问题可以通过查看少量的提交来发现，我们的生活将会更加轻松。

然后，测试运行完后一定要确保看结果！我一直感到很惊讶，遇到的很多团队花费很大工作量实现性能测试，但在运行它们后却从不查看结果。这个原因通常是，人们不知道一个好的结果应该是什么样的。性能测试需要有目标。有了目标以后，可以基于运行结果让构建变红或变绿，变红（失败）的构建是需要行动的一个清晰信号。

性能测试需要与系统性能的监控同时进行（在第 8 章我们将做更多讨论）。理想情况下，应该在性能测试环境下使用与生产环境中相同的可视化工具，这样我们更容易对两者进行比较。

7.12　小结

总的来说，本章从全局视角描述了测试，希望对之后如何继续测试系统，起到一般性的指导作用。在此重申一下本章的要点。

- 优化快速反馈，并相应地使用不同类型的测试。
- 尽可能使用消费者驱动的契约测试，来替换端到端测试。
- 使用消费者驱动的契约测试，提供团队之间的对话要点。
- 尝试理解投入更多的努力测试与更快地在生产环境发现问题之间的权衡（MTBF 与 MTTR 权衡的优化）。

如果你有兴趣阅读更多关于测试的内容，我推荐由 Lisa Crispin 和 Janet Gregory 写的《敏捷软件测试》这本书，书中包括测试象限的详细介绍。

本章主要聚焦在确保代码进入生产环境之前能够工作，但是同样需要知道，如何确保我们的代码部署之后也能工作。下一章，我们将看看基于微服务的系统该如何监控。

第 8 章

监控

正如我之前所展示的，将系统拆分成更小的、细粒度的微服务会带来很多好处。然而，它也增加了生产系统的监控复杂性。在本章中，我将带大家看看细粒度的系统在系统监控和定位问题上所面临的挑战，同时还会介绍一些应对方法，让鱼和熊掌兼得！

设想一下这样的场景：一个安静的周五下午，团队期待着早点开溜去酒吧，开始一个远离工作的周末。然而，突然收到一封邮件：网站工作异常！Twitter上到处都是关于贵公司网站出问题的消息，而你的老板在旁边喋喋不休，一个安静的周末就这么没了。

你需要了解的第一件事情是什么？问题到底出在哪里？

在单块应用的世界里，我们至少要非常清楚该从哪里开始调查。网站慢？是单块应用的问题。网站有异常？是单块应用的问题。CPU占用率100%？还是单块应用的问题。烧焦的气味？你懂的，单一的故障点会极大地简化对问题的调查！

现在，让我们回到基于微服务的系统。我们提供给用户的功能，是由多个小的服务组合而成的，其中一些服务需要集成更多的服务来完成功能。这种方法有很多优点（这很好，否则这本书岂不是浪费时间？），但在监控的世界里，我们面临的是一个更为复杂的问题。

我们现在有多个服务需要监控，有多个日志需要筛选，多个地方有可能因为网络延迟而出现问题。该如何应对呢？我们得好好梳理一下，否则很可能导致混乱，成为一团乱麻，而这是周五下午（或在任何时间！）我们最不想面对的情况。

这里的答案很简单：监控小的服务，然后聚合起来看整体。我们从最简单的系统——一个节点，来展示该如何做。

8.1 单一服务，单一服务器

图 8-1 展示了一个非常简单的配置：一台主机，运行一个服务。现在我们需要对它进行监控，这样在出现问题时就能够及时发现，以便对它进行修复。那么我们要监控什么呢？

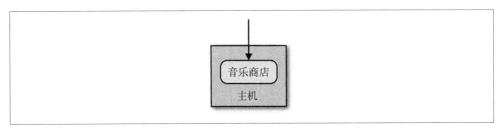

图 8-1：一台主机，运行一个服务

首先，我们希望监控主机本身。CPU、内存等所有这些主机的数据都有用。我们想知道，系统健康的时候它们应该是什么样子的，这样当它们超出边界值时，就可以发出警告。如果我们想运行自己的监控软件，可以使用 Nagios，或者使用像 New Relic 这样的托管服务来帮助我们监控主机。

接下来，我们要查看服务器本身的日志。如果用户报告了一个错误，这些日志应该可以告诉我们，在何时何地发生了这个错误。这个时候，对于单台主机来说，只需要登录到主机上使用命令行工具扫描日志就可以了。我们甚至可以更进一步，使用 logrotate 帮助我们移除旧的日志，避免日志占满了磁盘空间。

最后，我们可能还想要监控应用程序本身。最低限度是要监控服务的响应时间。你可以通过查看运行服务的 Web 服务器，或者服务本身的日志做到这一点。如果我们想更进一步，可能还需要追踪报告中错误出现的次数。

随着时间的推移，负载增加，我们发现系统需要扩容……

8.2 单一服务，多个服务器

现在我们服务的多个副本实例，运行在多个独立的主机上。如图 8-2 所示，通过负载均衡分发不同的请求到不同的服务实例。事情慢慢变得有点棘手。我们仍然需要监控与之前一样的内容，但为了定位问题，我们的做法会有所不同。

当 CPU 占用率高时，如果这个问题发生在所有的主机上，那么可能是服务的问题，但如果只发生在一台主机上，那么可能是主机本身的问题，也许是一个流氓操作进程？

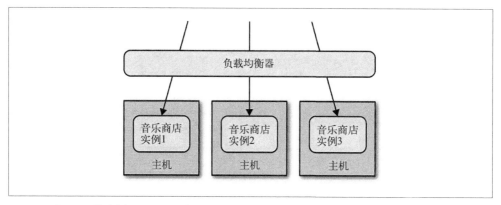

图 8-2：单一服务的实例运行在多个主机上

在这种情况下，我们依然想追踪有关主机的数据，根据它们来发出警告。但现在，除了要查看所有主机的数据，还要查看单个主机自己的数据。换句话说，我们既想把数据聚合起来，又想深入分析每台主机。Nagios 允许以这样的方式组织我们的主机，到目前为止一切还好。类似的方式也可以满足我们对应用程序的监控。

接下来就是日志。我们的服务运行在多个服务器上，登录到每台服务器查看日志，可能会让我们感到厌倦。如果只有几个主机，我们还可以使用像 ssh-multiplexers 这样的工具，在多个主机上运行相同的命令。用一个大的显示屏，和一个 grep "Error" app.log，我们就可以定位错误了。

对于像响应时间这样的监控，我们可以在负载均衡器中进行追踪，很容易就能拿到聚合后的数据。不过负载均衡器本身也需要监控；如果它的行为异常，也会导致问题。对于服务本身的监控，我们可能更关心健康的服务是什么样的，这样当我们配置负载均衡器的时候，就可以从应用程序中移除不健康的节点。希望我们到这里的时候至少有一些想法了……

8.3　多个服务，多个服务器

在图 8-3 中，事情变得更有趣。多个服务合作为我们的用户提供功能，这些服务运行在多个物理的或虚拟的主机上。你如何在多个主机上的、成千上万行的日志中定位错误的原因？如何确定是一个服务器异常，还是一个系统性的问题？如何在多个主机间跟踪一个错误的调用链，找出引起这个错误的原因？

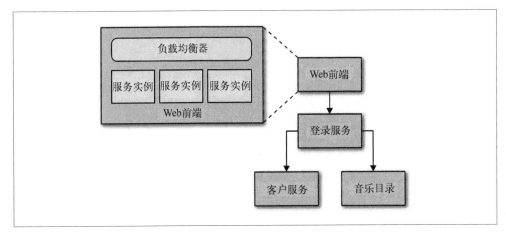

图 8-3：互相合作的多个服务分布在多台主机上

答案是，从日志到应用程序指标，集中收集和聚合尽可能多的数据到我们的手上。

8.4 日志，日志，更多的日志

现在，运行服务的主机数量成为一个挑战。现在再使用 SSH multiplexing 检索日志，已经无法缓解这个问题了，况且也没有一个足够大的屏幕显示每台主机的终端。我们希望用专门获取日志的子系统来代替它，让日志能够集中在一起方便使用。这方面的一个例子是 logstash，它可以解析多种日志文件格式，并将它们发送给下游系统进行进一步调查。

Kibana 是一个基于 ElasticSearch 查看日志的系统，如图 8-4 所示。你可以使用查询语法来搜索日志，它允许在查询时指定时间和日期范围，或使用正则表达式来查找匹配的字符串。Kibana 甚至可以把你发给它的日志生成图表，只需看一眼就能知道已经发生了多少错误。

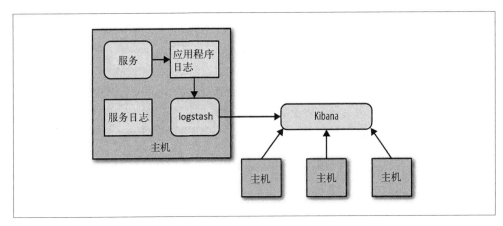

图 8-4：使用 Kibana 查看聚合的日志

8.5　多个服务的指标跟踪

与查看不同主机上的日志遇到的挑战类似，我们也需要寻找更好的方式来收集和查看指标。当我们观察一个复杂系统的指标时，很难知道什么样是好的。我们的网站每秒会有大约 50 条 4XX 的 HTTP 错误状态码，这是个问题吗？午餐过后，产品目录服务的 CPU 负载增加了 20%，是有什么问题发生了吗？要想知道什么时候该紧张，什么时候该放松，秘诀是收集系统指标足够长的时间，直到有清晰的模式浮现。

在更复杂的环境中，我们会频繁地重建服务的新实例，所以我们希望选择一个系统能够方便地从新的主机收集指标。我们希望能够看到整个系统聚合后的指标（例如，平均的 CPU负载），但也会想要给定的一些服务实例聚合后的指标，甚至某单个服务实例的指标。这意味着，我们需要将指标的元数据关联，用来帮助推导出这样的结构。

Graphite 就是一个让上述要求变得很容易的系统。它提供一个非常简单的 API，允许你实时发送指标数据给它。然后你可以通过查看这些指标生成的图表和其他展示方式来了解当前的情况。它处理容量的方式很有趣。通过有效地配置，它可以减少旧指标的精度，以确保容量不要太大。例如，最近的十分钟，每隔 10 秒记录一次主机 CPU 的指标，然后在过去的一天，以分钟为单位对数据进行聚合，而在过去的几年，减少到以 30 分钟为单位进行聚合。通过这种方式，你不需要大量的存储空间，就可以保存很长一段时间内的信息。

Graphite 也允许你跨样本做聚合，或深入到某个部分，这样就可以查看整个系统、一组服务或一个单独实例的响应时间。如果由于一些原因，你不能使用 Graphite，在选择其他任何工具时，要确保这些工具具备跟 Graphite 类似的功能。另外，要确保你可以获得原始的数据，以便在需要之时生成自己的报告或仪表盘。

了解趋势另一个重要的好处是帮助我们做容量规划。我们的系统到达极限了吗？多久之后需要更多的主机？在过去，当我们还在使用物理主机时，通常一年才会考虑一次这个问题。在供应商提供按需计算的 IaaS（Infrastructure as a Service，基础设施即服务）的新时代，我们可以在几分钟内（如果不是秒级的话）实现扩容和缩容。这意味着，如果了解我们的使用模式，就可以确保恰好有足够的基础设施来满足我们的需求。在跟踪趋势和理解应该如何使用这些数据方面，使用的方式越智能，我们的系统就越省钱，而且响应性也就越好。

8.6　服务指标

当你在 Linux 机器上安装 collectd 并让它指向 Graphite 时，会发现我们运行的操作系统会生成大量的指标。同样，像 Nginx 或 Varnish 这样的支撑子系统，也会暴露很多有用的信息，例如响应时间或缓存命中率。不过，我们自己的服务呢？

我强烈建议你公开自己服务的基本指标。作为 Web 服务，最低限度应该暴露如响应时间和错误率这样的一些指标。如果你的服务器前面没有一个 Web 服务器来帮忙做的话，这一点就更重要了。但是你真的应该做得更多。例如，账户服务会想要暴露客户查看过往订单的次数，而网络商店可能希望知道过去的一天赚了多少钱。

为什么我们要关心这个呢？嗯，原因很多。首先，有一句老话，80% 的软件功能从未使用过。我无法评论这个数字是否准确，但是作为一个已在软件行业工作近 20 年的程序员，我知道自己花了很多时间在一些从未被真正使用的功能上。如果能知道这些未被使用的功能是什么，不是很好的事情吗？

其次，可以通过了解用户如何使用我们的系统得知如何改进，在这个方面，我们比以往任何时候做得都要好。指标可以反映出系统的行为，因此在这个方面可以帮助我们。当我们发布网站的一个新版本后，发现在产品目录服务上根据类型搜索的数量大幅上升。这是一个问题，还是我们的期望？

最后，我们永远无法知道什么数据是有用的！很多次，直到机会已经错过很久后，我才发现如果当时记录了数据，事情就容易理解得多。所以我倾向于暴露一切数据，然后依靠指标系统对它们进行处理。

很多平台都存在一些库来帮助服务发送指标到一个标准系统中。Codahale 的 Metrics 库就是这样一个运行在 JVM 上的库。它允许你存储一些指标，例如计数器、计时器或计量表（gauge）；支持带时间限制的指标（这样你就可以指定如"过去五分钟的订单数量"这样的指标）；它还为将数据发送到 Graphite 和其他汇总报告系统提供现成的支持。

8.7　综合监控

我们可以通过定义正常的 CPU 级别，或者可接受的响应时间，判断一个服务是否健康。如果我们的监控系统监测到实际值超出这些安全水平，就可以触发警告。类似像 Nagios 这样的工具，完全有能力做这个。

然而，在许多方面，这些测量结果离我们真正关心的内容仍有一步之遥，即系统是否在正常工作？服务之间的交互越复杂，就越难回答这个问题。如果我们的监控系统能像最终用户那样及时地发现并报告问题，那该多好！

我第一次做这个尝试是在 2005 年。当时我是 ThoughtWorks 小团队中的一员，该团队为一家投资银行构建系统。整个交易日中，代表市场变化的大量事件涌入。我们的工作就是响应这些变化，了解它们对银行投资组合的影响。我们的上线日期相当紧迫，因为目标是当事件收到后，在 10 秒时间内完成所有的计算。系统本身大约有五个独立的服务，其中至少有一个运行在一个计算网格中，这个网格除其他事情外，还会循环利用银行灾备中心大约 250 台中未被使用的桌面主机的 CPU。

系统中存在大量的组件，意味着我们会收集到很多低层次的指标，它们会带来很大的噪声。我们没有机会逐渐扩展系统，或让系统运行几个月来理解什么样的指标是好的，例如 CPU 使用率或一些单个组件的延迟等。我们的方法是，对下游系统没有登记的部分投资组合，生成假的价格事件。每一分钟左右，Nagios 执行一个命令行任务，插入一个假事件到队列中。我们的系统会正常响应这个事件并做相应处理，唯一不同的是结果仅用于测试。如果在给定的时间内没有看到重新定价，Nagios 会认为这是一个问题。

我们创建的这个假事件就是一个合成事务的例子。使用此合成事务来确保系统行为在语义上的正确性，这也是这种技术通常被称为语义监控的原因。

在实践中，我发现使用这样合成事务执行语义监控的方式，比使用低层指标的告警更能表明系统的问题。当然，它们不会取代低层次的指标，那些细节有助于我们了解为什么语义监测会报告问题。

实现语义监控

在过去，实现语义监控是一个相当困难的任务，但现在这个事情简直就是信手拈来！你的系统有测试的，对吧？如果没有，请阅读完第 7 章再回来。现在有测试了吧？很好！

系统中存在针对指定服务的端到端测试，甚至是针对整个系统的端到端测试，仔细看看就会发现，这些都是实现语义监控所需要的。而且，我们的系统已经开放了启动测试和查看结果所需要的钩子（hook）。所以，为什么不在运行的系统上运行这些测试的子集，作为系统语义监控的一种方式呢？

当然，还有些事情需要我们做。首先，要非常小心地准备数据以满足测试的要求。我们的测试需要找到一个方法来适配不同的实时数据，因为这些数据会随着时间的推移而改变，或者设置一个不同数据来源。例如，我们可以在生产环境上设置一组假用户和一些已知的数据集。

同样，我们必须确保不会触发意料之外的副作用。一个朋友告诉我，有一个电子商务公司不小心在其订单的生产系统上跑测试，直到大量的洗衣机送达总部，它才意识到这个错误。

8.8 关联标识

最终用户看到的任何功能都由大量的服务配合提供，一个初始调用最终会触发多个下游的服务调用。例如，考虑客户注册的例子。客户填写表单的所有信息，然后点击提交。界面背后，我们使用支付服务检查信用卡信息的有效性，告知邮寄服务在邮局寄送一个欢迎礼包，并调用我们的电子邮件服务发送欢迎邮件。现在，如果支付服务的调用发生了一个奇怪的错误，该如何处理呢？我们将在第 11 章详细讨论如何处理失败，这里先考虑诊断时会遇到的困难。

如果看一下日志，就会发现只有支付服务注册了一个错误。如果我们足够幸运，可以找到引发问题的请求，甚至可以看看当时调用的参数。但这只是简单的情况，更为复杂的初始请求有可能生成一个下游的调用链，并且以异步的方式处理触发的事件。我们如何才能重建请求流，以重现和解决这个问题呢？通常我们需要在初始调用更大的上下文中看待这个错误；换句话说，就像查看栈跟踪那样，我们也想查看调用链的上游。

在这种情况下，一个非常有用的方法是使用关联标识（ID）。在触发第一个调用时，生成一个 GUID。然后把它传递给所有的后续调用，如图 8-5 所示。类似日志级别和日期，你也可以把关联标识以结构化的方式写入日志。使用合适的日志聚合工具，你能够对事件在系统中触发的所有调用进行跟踪：

```
15-02-2014 16:01:01 Web-Frontend INFO [abc-123] Register
15-02-2014 16:01:02 RegisterService INFO [abc-123] RegisterCustomer ...
15-02-2014 16:01:03 PostalSystem INFO [abc-123] SendWelcomePack ...
15-02-2014 16:01:03 EmailSystem INFO [abc-123] SendWelcomeEmail ...
15-02-2014 16:01:03 PaymentGateway ERROR [abc-123] ValidatePayment ...
```

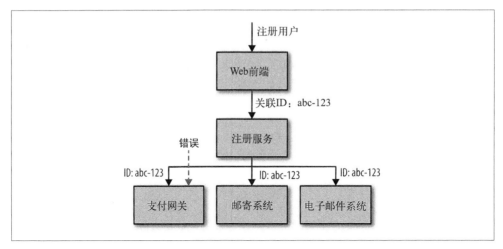

图 8-5：使用关联标识来跟踪跨多个服务的调用

当然，你需要确保每个服务知道应该传递关联标识。此时你需要标准化，强制在系统中执行该标准。一旦这样做了，你就可以创建工具来跟踪各种交互。这样的工具可以用于跟踪事件风暴、不常发生的特殊场景，甚至识别出时间过长的事务，因为你能勾勒出整个级联的调用。

像 Zipkin 这样的软件，也可以跨多个系统边界跟踪调用。基于 Google 自己的跟踪系统 Dapper 的创意，Zipkin 可以提供非常详细的服务间调用的追踪信息，还有一个界面帮助显示数据。我个人觉得 Zipkin 有点重量级，需要自定义客户端并且支持收集系统。既然因为其他目的，你已经把日志聚合，所以更简单的方式应该是重用已经收集的数据，而不是必须再附加一个数据源。也就是说，如果你发现需要一个更先进的工具跟踪服务间的调用，可能才需要 Zipkin 这样的软件。

使用关联标识时，一个现实的问题是，你常常直至问题出现才知道需要它，而且只有在开始时就存在关联标识才可能诊断出问题！这个问题非常棘手，因为在后面很难加装关联标识；你需要以标准化的方式处理它们，这样才能够轻易重建调用链。虽然开始的时候它似乎是一些额外的工作，但我还是强烈建议你尽早考虑使用它，尤其是如果你的系统使用事件驱动的架构模式，因为这种模式会导致一些奇怪的意外行为。

传递关联标识时需要保持一致性，这是使用共享的、薄客户端库的一个强烈的信号。团队达到一定规模时，很难保证每个人都以正确的方式调用下游服务以收集正确的数据。只需服务链中的某个服务忘记传递关联标识，你就会丢失重要的信息。如果你决定创建一个内部客户端库来标准化这样的工作，请确保它很薄且不依赖提供的任何特定服务。例如，如果你正在使用 HTTP 作为通信协议，只需包装标准的 HTTP 客户端库，添加代码确保在 HTTP 头传递关联标识即可。

8.9　级联

级联故障特别危险。想象这样一个情况，我们的音乐商店网站和产品目录服务之间的网络连接瘫痪了，服务本身是健康的，但它们之间无法交互。 如果只看查某个服务的健康状态，我们不会知道已经出问题了。使用合成监控（例如，模拟客户搜索一首歌）会将问题暴露出来。但为了确定问题的原因，我们需要报告这一事实是一个服务无法访问另一个服务。

因此，监控系统之间的集成点非常关键。每个服务的实例都应该追踪和显示其下游服务的健康状态，从数据库到其他合作服务。你也应该将这些信息汇总，以得到一个整合的画面。你会想了解下游服务调用的响应时间，并检测是否有错误。

你可以使用库实现一个断路器网络调用，以帮助你更加优雅地处理级联故障和功能降级，我们在 11 章将讨论更多这方面的内容。一些库，例如 JVM 上的 Hystrix，便很好地提供了这些监控功能。

8.10　标准化

正如我们前面提过的，一个需要持续做出的平衡，是仅规范单个服务，还是规范整个系统。在我看来，监控这个领域的标准化是至关重要的。服务之间使用多个接口，以很多不同的方式合作为用户提供功能，你需要以整体的视角查看系统。

你应该尝试以标准格式的方式记录日志。你一定想把所有的指标放在一个地方，你可能需要为度量提供一个标准名称的列表；如果一个服务指标叫作 ResponseTime，另一个叫作 RspTimeSecs，而它们的意思是一样的，这会非常令人讨厌。

和以前一样，工具在标准化方面可以提供帮助。正如我之前说的，关键是让做正确的事情变得容易，所以为什么不提供预配置的虚拟机镜像，镜像内置 logstash 和 collectd，还有一个公用的应用程序库，使得与 Graphite 之间的交互变得非常容易？

8.11　考虑受众

我们收集这些数据都是为了一个目的。更具体地说，我们为不同的人收集这些数据，帮助他们完成工作；这些数据会触发一些事件。有些数据会触发支持团队立即采取行动，比如我们的一个综合监控测试失败了。其他数据，比如 CPU 负载在过去一周增加了 2%，我们在做容量规划的时候可能才会对其感兴趣。同样，你的老板可能想立即知道，上次发布后收入下降了 25%，但可能不需要知道，"Justin Bieber"搜索在最近一小时上涨了 5%。

人们现在希望看到并立即处理的数据，与当进行深入分析时所需要的是不同的。因此，对于查看这些数据的不同类型的人来说，需考虑以下因素：

* 他们现在需要知道什么
* 他们之后想要什么
* 他们如何消费数据

提醒他们现在需要知道的东西。在房间的某个角落放置一个大显示屏来显示此信息，并使得以后需要做深入分析数据时，他们也能够很方便地访问。花时间了解他们想要使用的数据。讨论定量信息的图形化显示所涉及的所有细微差别已经超出了本书的范围，一个不错的起点是 Stephen Few 的优秀图书：*Information Dashboard Design: Displaying Data for Ata-Glance Monitoring*。

8.12　未来

在很多组织中，我看到指标被孤立到不同的系统中。如订单数量这样的应用程序级指标，只放在 Omniture 等专有的分析系统上（通常只供业务的重要部分使用），或者进入可怕的数据仓库，然后再也无人问津。在这类系统中，报告通常不是实时的，尽管这种情况已经开始有所变化。与此同时，系统指标，如响应时间、错误率和 CPU 负载，都存储在运维团队可以访问的系统上。通常这些系统提供实时报告，目的是及时触发行动。

过去，我们在一两天后找出关键业务指标是可以接受的，因为通常我们无法根据这些数据快速地做出反应。不过，在当前的世界，我们中的许多人每天可以发布多个版本。团队现在衡量的不是他们完成多少点，而是代码从笔记本电脑到生产环境上需要多长时间。在这种环境下，所有指标都需要在我们手上以方便采取正确的行动。具有讽刺意味的是，存储业务指标的系统通常无法直接、实时地访问，但存储运营指标的系统却可以。

为什么不能以同样的方式处理运营指标和业务指标？最终，两种类型的指标分解成事件后，都说明在 X 时间点发生了一些事情。如果我们可以统一收集、聚合及存储这些事件的系统，使它们可用于报告，最终会得到一个更简单的架构。

Riemann 是一个事件服务器，允许高级的聚合和事件路由，所以该工具可以作为上述解决方案的一部分。Suro 是 Netflix 的数据流水线，其解决的问题与 Riemann 类似。Suro 明确可以处理两种数据，用户行为的相关指标和更多的运营数据（如应用程序日志）。然后这些数据可以被分发到不同的系统中，像 Storm 的实时分析、离线批处理的 Hadoop 或日志分析的 Kibana。

许多组织正在朝一个完全不同的方向迈进：不再为不同类型的指标提供专门的工具链，而是提供伸缩性很好的更为通用的事件路由系统。这些系统能提供更多的灵活性，同时还能简化我们的架构。

8.13 小结

本章涵盖了很多内容。下面我试图把本章的内容总结成一些方便实施的建议。

对每个服务而言，

- 最低限度要跟踪请求响应时间。做好之后，可以开始跟踪错误率及应用程序级的指标。
- 最低限度要跟踪所有下游服务的健康状态，包括下游调用的响应时间，最好能够跟踪错误率。一些像 Hystrix 这样的库，可以在这方面提供帮助。
- 标准化如何收集指标以及存储指标。
- 如果可能的话，以标准的格式将日志记录到一个标准的位置。如果每个服务各自使用不同的方式，聚合会非常痛苦！
- 监控底层操作系统，这样你就可以跟踪流氓进程和进行容量规划。

对系统而言，

- 聚合 CPU 之类的主机层级的指标及应用程序级指标。
- 确保你选用的指标存储工具可以在系统和服务级别做聚合，同时也允许你查看单台主机的情况。
- 确保指标存储工具允许你维护数据足够长的时间，以了解你的系统的趋势。
- 使用单个可查询工具来对日志进行聚合和存储。
- 强烈考虑标准化关联标识的使用。

- 了解什么样的情况需要行动，并根据这些信息构造相应的警报和仪表盘。
- 调查对各种指标聚合方式做统一化的可能性，像 Suro 或 Riemann 这样的工具可能会对你有用。

我还试图描绘了系统监控发展的方向：从专门只做一件事的系统转向通用事件处理系统，从而可以全面地审视你的系统。这是一个令人激动的新兴空间，虽然全面讲解已经超出了本书的范围，但希望我介绍的已足够你起步。如果你想知道更多，我早期出版的 *Lightweight Systems for Realtime Monitoring* 一书中有一些我的想法和更详细的介绍。

在下一章，我们将从不同的系统视角看看，细粒度的架构在安全方面独有的优势和挑战。

第9章

安全

关于大型系统的安全漏洞导致数据暴露给各种危险人物的故事，我们已经听说了太多。最近的爱德华·斯诺登泄密事件，更加让我们意识到公司持有的用户信息的价值，以及保存在为客户构建的系统中的数据的价值。本章将简要概述设计系统时，在安全方面应该考虑的一些问题。虽然无法包含安全的方方面面，但会列出一些主要的选项给你，为进一步研究提供一个很好的起点。

我们需要考虑，在数据从一个点到另一个点的传输过程中，如何保护它们，也需要考虑在其他情况下如何进行保护。我们需要考虑底层操作系统及网络的安全。有太多需要考虑的点，有太多可以做的事情！那到底需要多安全呢？我们如何知道什么是足够安全呢？

我们还需要考虑人的因素。谁在使用我们的系统，他又会做些什么？而这又与我们的服务器如何交互有什么关系？让我们从这里开始。

9.1　身份验证和授权

当谈到与我们系统交互的人和事时，身份验证和授权是核心概念。在安全领域中，身份验证是确认他是谁的过程。对于一个人，通常通过用户输入的用户名和密码来验证。我们认为只有用户本人才能够知道这些信息，因此输入这些信息的人一定是他。当然，还存在其他更复杂的系统。我的手机可以用指纹来确认我是我本人。通常来说，当我们抽象地讨论进行身份验证的人或事时，我们称之为主体（principal）。

通过授权机制，可以把主体映射到他可以进行的操作中。通常，当一个主体通过身份验证后，我们将获得关于他的信息，这些信息可以帮助我们决定其可以进行的操作。例如，当我们知道他在哪个部门或办公室工作后，系统可以通过这些信息来决定他能做什么和不能做什么。

一般来讲，对于单一的单块系统来说，应用程序本身会处理身份验证和授权。例如 Django，一个 Python 的 Web 框架，提供了现成的用户管理功能。不过，在分布式系统这个领域，我们需要考虑更高级的方案。我们不希望每个人使用不同的用户名和密码来登录不同的系统。我们的目的是要有一个单一的标识且只需进行一次验证。

9.1.1　常见的单点登录实现

身份验证和授权的一种常用方法是，使用某种形式的 SSO（Single Sign-On，单点登录）解决方案。在企业级领域中占据统治地位的 SAML 和 OpenID Connect，也提供了这方面的能力。虽然术语略有不同，但它们或多或少使用了相同的核心概念。这里使用的术语来自 SAML。

当主体试图访问一个资源（比如基于 Web 的接口）时，他会被定向到一个身份提供者那里进行身份验证。这个身份提供者会要求他提供用户名和密码，或使用更先进的双重身份验证。一旦身份提供者确认主体已通过身份验证，它会发消息给服务提供者，让服务提供者来决定是否允许他访问资源。

这个身份提供者可能是一个外部托管系统，也可能是你自己组织内部的系统。例如，谷歌提供了一个 OpenID Connect 身份提供者。不过，对于企业来说，通常有自己的身份提供者，它会连接到公司的目录服务。目录服务可能使用 LDAP（Lightweight Directory Access Protocol，轻量级目录访问协议）或活动目录（Active Directory）。这些系统允许你存储主体的信息，例如他们在组织中扮演什么样的角色。通常情况下，目录服务和身份提供者是同一个系统，不过有时也会有所不同，但保持连接。例如，Okta 是一个托管的 SAML 身份提供者，它可以处理像双重身份验证这样的任务，但可以连接到你公司的目录服务，将其作为信息来源。

SAML 是一个基于 SOAP 的标准，尽管有库和工具支持它，但用起来还是相当复杂。基于 Google 和其他公司处理 SSO 的方式，OpenID Connect 已经成为了 OAuth 2.0 具体实现中的一个标准。它使用简单的 REST 调用，因为提高了其易用性，在我看来很有可能进军企业级应用。现在其最大的障碍是缺乏支持它的身份提供者。对于一个面向公众的网站，你或许可以使用 Google 作为提供者，但对于内部系统，或对于数据需要有更多控制权的系统而言，你会希望有自己的内部身份提供者。在写本书的时候，相比 SAML 丰富的选择（包括似乎无处不在的活动目录），OpenAM 和 Gluu 是这个领域为数不多的两个选项。除非等到现有的身份提供者开始支持 OpenID Connect，不然它的发展会仅限于公共身份提供者这种有限的情况。

因此，尽管我认为 OpenID Connect 是未来的方向，但很有可能需要一段时间，它才能被广泛地应用。

9.1.2 单点登录网关

在微服务系统中，每个服务可以自己处理如何重定向到身份提供者，并与其进行握手。显然，这意味着大量的重复工作。使用共享库可以解决这个问题，但我们必须小心地避免可能来自共享代码的耦合。而且如果有多个不同的技术栈，共享库也很难提供帮助。

你可以使用位于服务和外部世界之间的网关（如图 9-1 所示）作为代理，而不是让每个服务管理与身份提供者握手。基本想法是，我们可以集中处理重定向用户的行为，并且只在一个地方执行握手。

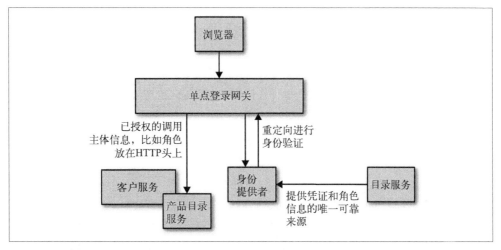

图 9-1：使用网关实现单点登录

然而，我们仍然需要解决下游服务如何接受主体信息的问题，例如用户名和角色。如果你使用 HTTP，可以把这些信息放到 HTTP 头上。在这方面，Shibboleth 这样的工具可以帮助你。我见过人们把它和 Apache 一起使用，这种方式能够很好地处理与基于 SAML 的身份提供者的集成。

另一个问题是，如果我们决定把身份认证的责任移到网关，那么孤立地在微服务中定位问题就变得更难。还记得在第 7 章我们探讨过的重现类生产环境的挑战吗？如果选择使用网关路由，请确保你的开发人员不需要太多的工作，就可以启动一个网关及其背后的服务。

这种方法的最后一个问题是，它会带给你一种虚假的安全感。我喜欢深度防御的理念，从网络边界，到子网，到防火墙，到主机，到操作系统，再到底层硬件。你需要在所有这些方面都实现安全措施的能力，我们将很快提到其中的一些。我见过有些人把所有的鸡蛋都放在一个篮子里，依靠网关来处理每一步的安全措施。我们都知道当这个点发生故障后，会发生什么……

显然，你还可以使用这个网关来做其他事情。例如，如果你使用 Apache 的一个实例运行 Shibboleth，也可以在这一级别决定终止 HTTPS，运行入侵检测，等等。不过，一定要小心。网关层承担越来越多的功能后，最终本身会是一个庞大的耦合点。而且功能越多，受攻击面就越大。

9.1.3　细粒度的授权

网关可以提供相当有效的粗粒度的身份验证。例如，它可以阻止任何未登录用户访问帮助台应用程序。假如我们的网关在身份验证完成时能提取出主体的属性，则可以据此做出更细致的决定。例如，我们通常将人放到某些组或分配某些角色，通过使用这些信息来了解他们能做什么。所以，对于帮助台应用程序，我们可能只允许具有某个特定的角色（例如工作人员）的主体访问。不过，超出允许（或禁止）的特定资源或端点的访问部分，它们可以留给微服务本身来处理，它会对允许哪些操作做进一步的决定。

回到我们的帮助台应用程序：我们会允许任何员工查看任何信息和所有细节吗？更可能的是，工作上会有不同的角色。例如，CALL_CENTER 组中的主体可以查看除付款细节外所有客户的信息。该主体也可以发起退款，但是额度会受限制。然而，CALL_CENTER_TEAM_LEADER 角色的主体，可以进行更大额度的退款。

应该在微服务内部做这些决定。我见过，人们以可怕的方式，使用身份提供者提供的各种属性，比如像 CALL_CENTER_50_DOLLAR_REFUND 这种非常细粒度的角色，将属于系统行为的某个特定部分的信息放到目录服务中。这对系统维护来说是一场噩梦，并且很难让我们的服务拥有独立的生命周期，因为有关服务行为的一部分信息突然间被放置到了别的地方，甚至有可能是由组织中一个不同部分管理的系统。

相反，你应该倾向于使用粗粒度的角色，围绕组织的工作方式建模。回到之前的章节，请记住，我们构建的软件要与组织的工作方式相匹配。所以也请以这种方式来使用角色。

9.2　服务间的身份验证和授权

到目前为止，我们一直在使用主体这个术语，用来描述可以进行身份验证和授权的任何事物，但我们的例子都是关于使用电脑的人类。那程序或其他服务之间如何进行身份验证呢？

9.2.1　在边界内允许一切

我们的第一个选项是，在边界内对服务的任何调用都是默认可信的。

取决于数据的敏感性，这种方式可能没有问题。一些组织尝试在他们的网络范围内确保安全，因此认为，当两个服务彼此访问时，它们不需要额外做任何事情。然而，如果一个攻击者入侵你的网络，你将对典型的中间人攻击基本没有任何防备。如果攻击者决定拦截并读取你正在发送的数据，在你不知情时更改数据，甚至在某些情况下假装是你正在通信的对象，你将不得而知。

迄今为止，边界内信任这种形式被大多数组织采用。他们可能决定在通信中使用 HTTPS，但仅此而已。我可没说这是一件好事！对于大多数使用这种模式的组织来说，我担心隐式信任模型并不是一个明智的决定，而更糟糕的是，很多时候人们没有在一开始意识到它的风险。

9.2.2 HTTP(S)基本身份验证

HTTP 基本身份验证，允许客户端在标准的 HTTP 头中发送用户名和密码。服务端可以验证这些信息，并确认客户端是否有权访问服务。这样做的好处在于，这是一种非常容易理解且得到广泛支持的协议。问题在于，通过 HTTP 有很高的风险，因为用户名和密码并没有以安全的方式发送。任何中间方都可以看到 HTTP 头的信息并读取里面的数据。因此，HTTP 基本身份验证通常应该通过 HTTPS 进行通信。

当使用 HTTPS 时，客户端获得强有力的保证，它所通信的服务端就是客户端想要通信的服务端。它给予我们额外的保护，避免人们窃听客户端和服务端之间的通信，或篡改有效负载。

服务端需要管理自己的 SSL 证书，当需要管理多台机器时会出现问题。一些组织自己承担签发证书的过程，这是一个额外的行政和运营负担。管理这方面的自动化工具远不够成熟，使用它们后你会发现，需要自己处理的事情就不止证书签发了。自签名证书不容易撤销，因此需要对灾难情景有更多的考虑。看看你是否能够避免自签名，以避开所有的这些工作。

SSL 之上的流量不能被反向代理服务器（比如 Varnish 或 Squid）所缓存，这是使用 HTTPS 的另一个缺点。这意味着，如果你需要缓存信息，就不得不在服务端或客户端内部实现。你可以在负载均衡中把 Https 的请求转成 Http 的请求，然后在负载均衡之后就可以使用缓存了。

还需要考虑，如果我们已经在使用现成的 SSO 方案（比如包含用户名密码信息的 SAML），该怎么办。我们想要基本身份验证使用同一套认证信息，然后在同一个进程里颁发和撤销吗？让服务与实现 SSO 所使用的那个目录服务进行通信即可做到这一点。或者，我们可以在服务内部存储用户名和密码，但需要承担存在重复行为的风险。

注意：使用这种方法，服务器只知道客户端有用户名和密码。我们不知道这个信息是否来自我们期望的机器；它可能来自网络中的其他人。

9.2.3　使用SAML或OpenID Connect

如果你已经在使用 SAML 或 OpenID Connect 作为身份验证和授权方案，你可以在服务之间的交互中也使用它们。如果你正在使用一个网关，可以使用同一个网关来路由所有内网通信，但如果每个服务自己处理集成，那么系统应该就自然而然这么工作。这样做的好处在于，你利用现有的基础设施，并把所有服务的访问控制集中在中央目录服务器。如果想要避免中间人的攻击，我们仍然需要通过 HTTPS 来路由通信。

客户端有一组凭证，用于向身份提供者验证自身，而服务获取所需的信息，用于任何细粒度的身份验证。

这意味着你需要为客户端创建账户，有时被称为服务账户。许多组织普遍使用这种方法。不过，需提醒一句：如果你打算创建服务账户，应尽量限制其使用范围。因此，考虑每个微服务都要有自己的一组凭证。如果凭证被泄露，你只需撤销有限的受影响的凭证即可，这使得撤销 / 更改访问更简单。

然而，还有其他几个缺点。首先，像使用基本身份验证一样，我们需要安全地存储凭证：用户名和密码放在哪里？客户端需要找到一些安全的方法来存储这些数据。另一个问题是，在这个领域的技术实现方面，做身份验证需要写相当繁琐的代码。尤其是 SAML，在其之上实现一个客户端非常痛苦。OpenID Connect 的工作流要简单些，但正如我们前面所讨论过的，它尚未被很好地支持。

9.2.4　客户端证书

确认客户端身份的另一种方法是，使用 TLS（Transport Layer Security，安全传输层协议），TLS 是 SSL 在客户端证书方面的继任者。在这里，每个客户端都安装了一个 X.509 证书，用于客户端和服务器端之间建立通信链路。服务器可以验证客户端证书的真实性，为客户端的有效性提供强有力的保证。

使用这种方法，证书管理的工作要比只使用服务器端证书更加繁重。它不只是创建和管理数量更多的证书这么简单；相反，所有的复杂性在于证书本身，你很有可能会花费大量的时间来试图诊断服务端为什么不接受你认为的一个完全有效的客户端证书。接下来，我们要考虑在最坏的情况下，撤销和补发证书的难度。使用通配符证书能够解决一些问题，但不是全部。这些额外的负担意味着，当你特别关注所发数据的敏感性，或无法控制发送数据所使用的网络时，才考虑使用这种技术。因此，你应该在通过互联网发送非常重要的数据时，才使用安全通信。

9.2.5　HTTP之上的HMAC

正如我们前面所讨论的，如果担心用户名和密码被泄露，基本身份验证使用普通 HTTP 并不是非常明智的。传统的替代方式是使用 HTTPS 路由通信，但也有一些缺点。除了需要管理证书，HTTPS 通信的开销使得服务器压力增加（尽管，老实说，这比几年前影响要小得多），而且通信难以被轻松地缓存。

另一种方法使用 HMAC（Hash-based Message Authentication Code，基于哈希的消息码）对请求进行签名，它是 OAuth 规范的一部分，并被广泛应用于亚马逊 AWS 的 S3 API。

使用 HMAC，请求主体和私有密钥一起被哈希处理，生成的哈希值随请求一起发送。然后，服务器使用请求主体和自己的私钥副本重建哈希值。如果匹配，它便接受请求。这样做的好处是，如果一个中间人更改了请求，那么哈希值会不匹配，服务器便知道该请求已被篡改过。并且，私钥永远不会随请求发送，因此不存在传输中被泄露的问题。额外的好处是，这个通信更容易被缓存，而且生成哈希的开销要低于处理 HTTPS 通信的开销（虽然你的情况有可能不同）。

这种方法有三个缺点。首先，客户端和服务器需要一个共享的、以某种方式交流的密钥。它们如何共享？可能是在两端都硬编码，但这样会带来一个问题，当密钥被泄露后，你需要撤销访问。如果你通过一些替代的协议来共享密钥，那么需要确保这个协议是非常安全的！

其次，这是一种模式，而不是标准，因此有各种不同的实现方式。结果就是，缺乏一个优秀的、开放的且有效的实现方式。通常来说，如果你对这种方式感兴趣，需要多去看看和理解不同的实现方式。你可以先去看看亚马逊的 S3，然后参考它的方式，特别是类似于 SHA-256 中使用的适当长度的密钥和合理的哈希函数。JWT（JSON Web Tokens，JSON Web 令牌）也值得一看，它们使用类似的方式实现，并且似乎正在吸引更多的关注。但是要注意，正确实现这个方式的难度。我的同事曾经与一个团队实施自己的 JWT 方案，仅仅因为忽略了一个布尔检查，就导致整个身份验证码都失效！希望随着时间的推移，我们可以看到更多可重用库的实现。

最后，要理解这种方法只能保证第三方无法篡改请求，且私钥本身不会泄露。但请求中所带的其他数据，对网络嗅探来说仍是可见的。

9.2.6　API密钥

像 Twitter、谷歌、Flickr 和 AWS 这样的服务商，提供的所有公共 API 都使用 API 密钥。API 密钥允许服务识别出是谁在进行调用，然后对他们能做的进行限制。限制通常不仅限于特定资源的访问，还可以扩展到类似于针对特定的调用者限速，以保护其他人服务调用的质量等。

具体该如何使用 API 密钥方式来处理你的微服务间的访问，取决于你所使用的具体技术。一些系统使用一个共享的 API 密钥，并且使用一种类似于刚才所说的 HMAC 的方式。更常见的方法是，使用一个公钥私钥对。通常情况下，正如集中管理人的身份标识一样，我们也会集中管理密钥。网关模型在这个领域很受欢迎。

其受欢迎的原因一部分源于这样一个事实，API 密钥重点关注的是对程序来说的易用性。相对于处理 SAML 握手，基于 API 密钥的身份验证更简单直接。

API 密钥的解决方案在商业和开源领域存在很多选项，每种系统提供的具体功能有所不同。有些产品只处理 API 密钥交换和一些基本的密钥管理。其他的工具提供包括限速、变现、API 目录和发现系统等功能。

一些 API 系统允许你将 API 密钥和现有目录服务联系起来。这允许将 API 密钥发布给你组织中的主体（代表人或系统），从而可以跟管理普通凭证一样，来控制这些密钥的生命周期。这为通过不同的方式访问系统，但保持一样的可靠信息来源提供了可能性。例如，如图 9-2 所示，SSO 使用 SAML 对人进行身份验证及服务间进行通信时使用 API 密钥。

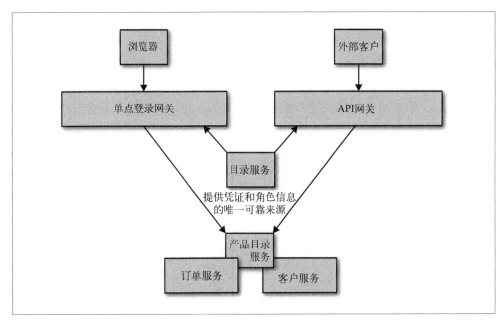

图 9-2：使用目录服务让 SSO 和 API 网关同步主体信息

9.2.7　代理问题

给指定的微服务进行主体的身份验证非常简单。但是，如果该服务需要更多的调用才能完成，会发生什么呢？图 9-3 展示了 MusicCorp 的在线购物网站。我们的在线商店是一个基于浏览器的、使用 JavaScript 的用户界面。它使用我们在第 4 章介绍的"为前端服务的后端"模式，来调用服务器端的商店应用程序。浏览器对服务端调用时的身份验证，可以使用 SAML、OpenID Connect 或类似的方式。到目前为止，一切还好。

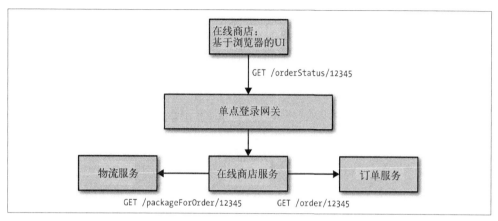

图 9-3：一个混淆代理人可以实施诡计的例子

当我登录后，可以单击一个链接来查看订单的详细信息。为了显示这些信息，我们需要从订单服务中找到原始订单，但我们也想要查看订单的物流信息。所以点击链接 /orderStatus/12345，会使在线商店通过在线商店服务向订单服务和物流服务发送请求，以获得这些信息。但这些下游服务是否该接受在线商店的调用呢？我们可以采用一种隐式信任的方式：因为调用在我们的信任边界内，所以是可以接受的。我们甚至可以使用证书或 API 密钥，来确认真的是在线商店请求这些信息。但这是否就足够了呢？

有一种安全漏洞叫作混淆代理人问题，指的是在服务间通信的上下文中，攻击者采用一些措施欺骗代理服务，让它调用其下游服务，从而做到一些他不应该能做的事情。例如，作为一个用户，当我登录到在线购物系统时，可以查看我的账户详情。但如果我使用登录后的凭证，欺骗在线购物用户界面去请求别人的信息，那该怎么办？

在这个例子中，如何阻止我查询不属于我的订单？一旦登录，我可以尝试给不属于我的其他订单发送请求，看是否能得到有用的信息。我们可以尝试让在线商店本身防止这种情况的发生，通过检查订单是谁的，然后拒绝别人访问不属于自己的订单。然而，如果有很多不同的应用程序来访问这些信息，可能会在很多地方重复这个逻辑。我们可以直接路由用户界面的请求到订单服务，让它来验证请求，不过这样会遇到我们在第 4 章讨论过的各种缺点。

另一种方法是，当在线商店给订单服务发送请求时，它不仅要说明想要哪个订单，还要说明以谁的名义来调用。一些身份验证方案允许我们传递原始主体的凭证给下游，不过使用 SAML 时，这会是一场噩梦，包含嵌套的 SAML 断言在技术上是可实现的——不过非常之难，以至于从来没人实现过。当然，这可能变得更加复杂。想象一下，如果在线商店调用的服务，转而调用更多的下游服务。我们需要在验证代理可信性上花费多少精力？

不幸的是，这个问题没有简单的答案，因为它本身就不是一个简单的问题。不过，要知道它的存在。根据所讨论操作的敏感性，你可能需要在隐式信任、验证调用方的身份或要求调用者提供原始主体的凭证这些安全方式里做一个选择。

9.3 静态数据的安全

数据加密是一种责任，尤其当它是敏感数据时。希望我们已经做了可以做的一切，以确保攻击者不能攻破我们的网络，也不能攻破我们的应用程序或操作系统，然后近距离访问底层数据。然而，我们需要做好准备，万一他们真的攻破了，我们该怎么办。深度防御非常关键。

在许多有名的安全漏洞中，都发生了静态数据被攻击者获取的情况，且其中的内容对攻击者来说是可读的。这要么是因为数据以未加密的形式存储，要么是因为保护数据的机制有根本性的缺陷。

安全信息的保护机制是多种多样的，但无论你挑选哪种方案，有一些基本的东西需要牢记。

9.3.1 使用众所周知的加密算法

搞砸数据加密最简单的方法是，尝试实现你自己的加密算法，或甚至试图实现别人的。无论使用哪种编程语言，都有被广泛认可的加密算法可供使用，它们都是经过同行评审，并定期打补丁的。使用那些算法！并且订阅选择的算法的邮件列表 / 公告列表，以确保你知道他们新发现的漏洞，这样就可以给算法打补丁或更新了。

对于静态数据的加密，除非你有一个很好的理由选择别的，否则选择你的开发平台上的AES-128 或 AES-256 的一个广为人知的实现即可。[8]Java 和 .NET 运行时都包含 AES 的实现，它们很可能都是经过充分测试的（和打好补丁的），但是对于大多数平台，也存在单独的库，比如支持 Java 和 C# 的 Bouncy Castle 库。

关于密码，你应该考虑使用一种叫作加盐密码哈希（salted password hashing）的技术。

实现得不好的加密比没有加密更糟糕，因为虚假的安全感会让你的视线从球上面移开（双关语）。

注 8：通常来说，密钥的长度决定了暴力破解密钥所需的工作量。因此可以认为密钥的长度越长，你的数据越安全。然而，受人尊敬的安全专家 Bruce Schneier 对于 AES-256 中某些类型的密钥实现表示担心。你在阅读本书的时候在这方面需要做更多的研究，以了解当前的建议是什么。

9.3.2 一切皆与密钥相关

之前已经讨论过，加密的过程依赖一个数据加密算法和一个密钥，然后使用二者对数据进行加密。那么，你的密钥存储在哪里？如果加密数据是因为担心有人窃取整个数据库，那么把密钥存储在同一个数据库中，并不会真正消除这种担心！因此，我们需要把密钥存储到其他地方。但存到哪里呢？

一个解决方案是，使用单独的安全设备来加密和解密数据。另一个方案是，使用单独的密钥库，当你的服务需要密钥的时候可以访问它。密钥的生命周期管理（和更改它们的权限）是非常重要的操作，而这些系统可以帮你处理这个事情。

有些数据库甚至包含内置的加密支持，比如 SQL Server 的透明数据加密（Transparent Data Encryption），旨在以一种透明的方式处理这个问题。即使你选择的数据库已经这样做了，也需要研究密钥是如何处理的，并且理解你要防范的威胁是否真的消除了。

再说一次，加密很复杂。避免实现自己的方案，花些时间在已有的方案研究上！

9.3.3 选择你的目标

假设一切都需要加密，可以在一定程度上把事情简化，不需要再去猜测什么应该或不应该被保护。然而，你仍然需要考虑哪些数据可以被放入日志文件，以帮助识别问题，而且一切加密的计算开销会变得相当重，因此需要更强大的硬件。当你把数据库迁移作为重构数据库模式的一部分时，这就更具挑战性。根据所做的更改，数据可能需要解密、迁移和重加密。

通过把系统划分为更细粒度的服务，你可能发现加密整个数据存储是可行的，但即使可行也不要这么做。限制加密到一组指定的表是明智的做法。

9.3.4 按需解密

第一次看到数据的时候就对它加密。只在需要时进行解密，并确保解密后的数据不会存储在任何地方。

9.3.5 加密备份

备份是有好处的。我们想要备份重要的数据，那些我们非常担心的需要加密的数据，几乎也自然重要到需要备份！所以它看起来像是显而易见的观点，但是我们需要确保备份也被加密。这意味着，我们需要知道应该用哪个密钥来处理哪个版本的数据，特别是当密钥更改时。清晰的密钥管理变得非常重要。

9.4　深度防御

正如我前面所提到的，我不喜欢把所有的鸡蛋都放在一个篮子里，而是做深度防御。我们已经介绍了传输数据的安全以及静态数据的安全。但还有其他防护方法可以帮助我们吗？

9.4.1　防火墙

有一个或多个防火墙是一个非常明智的预防措施。有些非常简单，只在特定端口限制特定的通信类型。其他的则要复杂一些。例如，ModSecurity 是一种应用程序防火墙，可以在特定的 IP 范围限制连接数，并检测其他类型的恶意攻击。

多个防火墙是有价值的。你可能决定在本地主机上使用 IPTables，设置允许的入口和出口，以确保这个主机的安全。这些规则可以根据本地运行的服务进行定制，而外围的防火墙则控制一般的访问。

9.4.2　日志

好的日志实践，特别是聚合多个系统的日志的能力，虽然不能起到预防的作用，但可以帮助检测出发生了不好的事情，以便之后进行恢复。例如，在应用安全补丁后，你经常能够在日志中看到是否有人曾经利用过某种安全漏洞。打补丁可以确保它不再发生，但如果已经发生了，你可能需要进入恢复模式。

日志可以让你事后看看是否有不好的事情发生过。但是请注意，我们必须小心那些存储在日志里的信息！敏感信息需要被剔除，以确保没有泄露重要的数据到日志里，如果泄露的话，最终可能会成为攻击者的重要目标。

9.4.3　入侵检测（和预防）系统

IDS（Intrusion Detection Systems，入侵检测系统）可以监控网络或主机，当发现可疑行为时报告问题。IPS（Intrusion Prevention Systems，入侵预防系统），也会监控可疑行为，并进一步阻止它的发生。不同于防火墙主要是对外阻止坏事进来，IDS 和 IPS 是在可信范围内积极寻找可疑行为。当你从零开始时，IDS 可能更有意义。这些系统是基于启发式的（正如很多的应用防火墙），很有可能刚开始的通用规则，对于你的服务行为来说过于宽松或过于严格。

使用在告警方面相对更加积极的 IDS 之前，应该先使用相对被动的 IDS，因为在这种情况下更容易优化规则。

9.4.4　网络隔离

对于单块系统而言，我们在通过构造网络来提供额外的保护方面能做的很有限。不过，在微服务系统中，你可以把服务放进不同的网段，以进一步控制服务间的通信。例如，AWS提供自动创建 VPC（Virtual Private Cloud，虚拟私有云）的能力，它允许主机处在不同的子网中。然后你可以通过定义对等互连规则（peering rules），指定哪个 VPC 可以跟对方通信，甚至可以通过网关把流量路由到代理中，实际上，它提供了多个网络范围，在其中可以实施额外的安全措施。

这允许你基于团队的所有权或者风险水平来进行网络分段。

9.4.5　操作系统

我们的系统依赖于大量的不是我们自己编写的软件，即操作系统和其他的支持工具，其中的安全漏洞有可能会暴露我们的应用程序。在这里，基本的建议能让你走得很远。给操作系统的用户尽量少的权限，开始时也许只能运行服务，以确保即使这种账户被盗，造成的伤害也最小。

接下来，定期为你的软件打补丁。这需要自动化，并且你需要知道机器是否与最新的补丁级别不同步。像微软的 SCCM，或红帽的 Spacewalk 这样的工具，在这方面能提供帮助，因为它们可以帮助你查看机器是否已更新到最新的补丁，如果没有的话发起更新。如果使用像 Ansible、Puppet 或 Chef 这样的工具，很可能你对自动化推送更新已经相当满意了。这些工具也可以帮助你走很长的路，但不会为你做一切。

这真的是最基本的东西，但令人惊讶的是，我经常看到很多重要的软件运行在未安装补丁的、陈旧的操作系统上。你可能拥有世界上最好的受保护的应用程序级安全，但如果有一个旧版本的 Web 服务器作为 root 用户运行在你的机器上，而机器没有应用缓冲区溢出的漏洞补丁，那么你的系统仍然是极其脆弱的。

如果你正在使用的是 Linux 操作系统，另一件事是，看看操作系统本身安全模块的发展。例如，AppArmour，允许你自定义应用程序的预期行为，内核会对其进行监控。如果它开始做一些不该做的事情时，内核就会介入。AppArmour 已经存在一段时间了，SELinux 也是。尽管从技术上来说，它们俩在任何新版 Linux 系统上应该都可用，但实际上，某些发行版对其中一个的支持会比另外一个要好。例如，Ubuntu 和 SuSE 默认使用 AppArmour，而 RedHat 一直以来都支持 SELinux。一个新的选择是 GrSecurity，旨在扩展 AppArmour 和 SELinux 功能的同时，增强易用性，但它需要一个定制的内核才能工作。我建议你三个工具都看看，然后挑选一个最适合自己使用场景的工具，但我喜欢在工作中多加一层保护和预防的想法。

9.5　一个示例

一个细粒度的架构，在安全实施上给了我们更多的自由。对于那些处理最敏感信息的，或暴露最有价值的功能的部分，我们可以采用最严格的安全措施。但对系统的其他部分，我们可以采用宽松一些的安全措施。

让我们再次考虑 MusicCorp 并结合之前的一些概念，看看可以在哪里以及如何使用这些安全技术。我们主要考虑传输中的数据和静态数据的安全问题。我们即将分析的是图 9-4 显示的整个系统中的一部分，目前欠缺对安全问题的考虑。一切都是通过普通的 HTTP 传输。

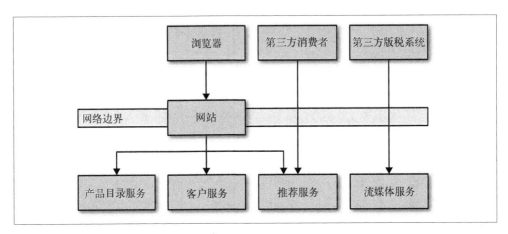

图 9-4：MusicCorp 不安全架构的一个子集

在这个例子中，我们的客户使用标准的 Web 浏览器，在 MusicCorp 网站上购物。我们还引入第三方版税网关的概念：我们已经开始与第三方公司合作，为新的流媒体服务收取版税。它会间断性地获取已下载音乐的记录——这个信息我们需要小心地保护，以防止被竞争对手获取。最后，我们将产品目录数据暴露给其他第三方。例如，允许在音乐评论网站中，嵌入艺术家或歌曲的相关信息。在我们的网络范围内，有一些协作的服务仅在内部使用。

对于浏览器，我们会为无需安全保护的内容使用标准 HTTP，以便其能被缓存。对于有安全需要的、登录后才可访问的页面，所有的内容都通过 HTTPS 传输，这样，如果我们的客户使用像公共 WiFi 那样的网络，能够给他们提供额外的保护。

当涉及第三方的版税支付系统时，我们所关注的不仅仅是公开数据的性质，还要确保我们得到的请求是合法的。在这里，我们坚持让第三方使用客户端证书。所有的数据传输都通过一条安全的、加密的通道，这能够提高我们确保请求主体合法性的能力。当然，我们也需要考虑当数据离开控制范围后，会发生什么事情。合作伙伴是否会跟我们一样关心这些数据？

对于产品目录数据的聚合，我们希望尽可能广泛地共享这些信息，让人们很方便地从我们这里购买音乐！然而，我们不希望这个信息被滥用，而且想要知道是谁在使用我们的数据。在这里，使用 API 密钥是一个绝佳的选择。

在网络范围内部，情况有点微妙。我们有多担心有人威胁我们的内部网络？理想情况下，最低限度也应该使用 HTTPS，但是它的管理有点痛苦。我们决定，花费更多精力来夯实网络边界上的防护（至少在刚开始时），这包括使用一个正确配置的防火墙，选择适当的硬件或软件安全装置检查恶意流量（例如，端口扫描或拒绝服务攻击，denial-of-service attacks）。

也就是说，我们担心的是数据及其存储的地方。我们并不担心产品目录服务；毕竟，我们希望共享这些数据，并为它提供了一个 API！但是我们很担心客户的数据。在这里，我们决定加密客户服务中的数据，并需要在读取时解密。如果攻击者真的潜入我们的网络，他们仍然可以发送请求给客户服务的 API，但当前的实现并不允许批量检索客户数据。如果这个情况真的发生，我们可能需要考虑使用客户端证书来保护这些信息。即使攻击者攻破数据库所在的机器，下载了全部内容，他们也将需要访问用于加密和解密数据的密钥才能使用这些数据。

图 9-5 显示了最终的结果。正如你所看到的，基于对被保护信息本质的了解，我们最终选择了这些技术。你自己的架构安全关注点很有可能非常不同，所以最终你可能会有一个看起来不一样的解决方案。

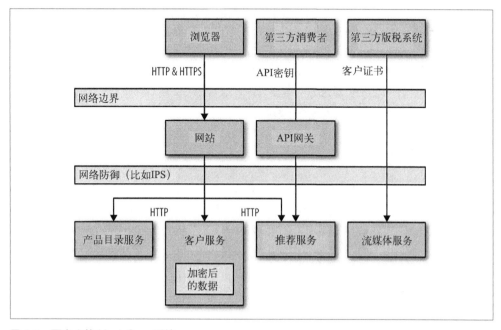

图 9-5：更安全的 MusicCorp 系统

9.6　保持节俭

由于磁盘空间变得更便宜，并且数据库的功能进一步加强，获取和存储大量信息的性能正迅速改善。这些数据是有价值的——不仅仅是对企业本身，他们越来越多地把数据当作一个宝贵资产，同样对看重自己隐私的用户来说数据也很重要。属于个人的数据，或者可以用来获得个人信息的数据，是我们最关心的。

然而，如果让我们的生活更轻松一点呢？为什么不尽快删尽可能多的、可以作为个人身份的数据？当用户请求登录时，我们需要永远存储完整的 IP 地址吗？或者我们是否可以用 x 替换最后几位数字？我们需要存储用户的姓名、年龄、性别和出生日期，以便为他提供产品建议，还是其年龄范围和邮编这样的信息就已经足够了？

这样做的好处是多方面的。首先，如果你不存储它，就没有人能偷走它。第二，如果你不存储它，就没有人（例如，政府机构）可以要它！

德国短语 Datensparsamkeit 表达了这一概念。这个短语起源于德国的隐私法，它封装了这一概念，即只存储完成业务运营或满足当地法律所需要的信息。

这显然与存储更多信息这个方向有冲突，但这仅仅是意识到这个冲突存在的一个开始！

9.7　人的因素

我们这里介绍的内容多是关于如何实施技术保障措施，以保护你的系统和数据免受恶意的外部攻击者破坏的基础知识。不过，你可能还需要流程和政策，来处理组织中的人为因素。当有人离开组织时，你如何撤销访问凭证？你如何保护自己免受社会工程学的攻击？作为一个好的思维锻炼，你可以考虑一个心怀不满的前雇员，如果他想的话，可能会如何损害你的系统。让自己站在恶意方的角度思考，通常是一个了解你可能需要做什么保护的好方法，而且确实有一些恶意方可能具有跟当前雇员同样多的内部信息。

9.8　黄金法则

如果你只能带走本章的一句话，那便是：不要实现自己的加密算法。不要发明自己的安全协议。除非你是一个有多年经验的密码专家，如果你尝试发明自己的编码或精密的加密算法，你会出错。即使你是一个密码专家，仍然可能会出错。

许多之前提到的工具，比如 AES，都在行业中身经百战，其底层算法一直被同行审查，软件实现多年来也一直被严格测试和打补丁。它们已经足够好了！重新发明轮子在很多情况下通常只是浪费时间，但在安全领域，它会带来直接的危害。

9.9　内建安全

就像对待自动化功能测试那样，我们不想把安全留给一组不同的人实现，也不想把所有的事情留到最后一分钟才去做。帮助培养开发人员的安全意识很关键，提高每个人对安全问题的普遍意识，有助于从最开始减少这些问题。让人们熟悉 OWASP 十大列表和 OWASP 的安全测试框架，是一个很好的起点。不过，安全专家也绝对有用武之地，如果你能联系到他们，可以让他们来帮助你。

有些自动化工具可以帮助我们探测系统漏洞，比如发现跨站脚本攻击。ZAP（Zed Attack Proxy）就是一个很好的例子。它由 OWASP 出品，尝试重现对网站的恶意攻击。一些其他工具使用静态分析，寻找可能会导致安全漏洞的常见编码错误，例如针对 Ruby 的 Brakeman。这些工具可以很容易地集成到日常的 CI 构建中，以及标准的代码签入过程中。其他类型的自动化测试相对来说比较复杂。例如，像 Nessus 之类的漏洞扫描工具，它需要人为来解释运行结果。也就是说，这些测试仍然是可自动化的，但以类似运行负载测试的节奏来运行它们，可能比较合适。

微软的安全开发生命周期（Security Development Lifecycle）也有一些很好的模型来帮助交付团队内建安全。其中一些内容似乎过于瀑布了，不过还是值得参考的，看看哪些方面可以融入到你当前的工作中。

9.10　外部验证

对于安全，我认为进行外部评估的价值很大。由外部方实施的类似渗透测试这样的实验，真的可以模拟现实世界的意图。这样做还可以避开这样的问题：团队并不总能看到自己所犯的错误，因为他们太接近于问题本身了。如果是一个足够大的公司，可能有一个专门的信息安全团队帮助你。如果不是，找一个外部方也可以。早点接触他们，了解他们是如何工作的，并向其学习做一个安全测试需要关注哪些内容。

你还需要考虑，每次发布前需要多少验证。一般来说，并不是每次小的增量发布都需要做一个完整的渗透测试，可能大的变化才需要。你的需求取决于你自己能承担的风险。

9.11　小结

我们再次回到本书的核心主题：把系统分解为更细粒度的服务，让我们在解决问题上有更多的选择。微服务不仅可能会减少任何安全破坏的影响，它还给予我们更多的能力对数据敏感的情况，采取开销更大、更复杂和更安全的方案，而当风险低时，采用更轻量级的方案。

一旦你了解系统不同部分的威胁级别，就可以知道什么时候需要考虑传输中的安全，什么时候需要考虑静态安全，或根本不用考虑安全。

最后，理解深度防御的重要性。给你的操作系统持续打补丁，即使你认为自己是一个摇滚明星，也不要尝试实现自己的加密算法！

如果你想要一个基于浏览器的应用程序安全的基本概述，优秀的非营利的 OWASP（Open Web Application Security Project，开放式 Web 应用程序安全项目，https://www.owasp.org/）是一个很好的起点，其定期更新的十大安全风险文档，应被视为所有开发人员的必备读物。最后，如果你想要获得关于密码学的更全面的讨论，请查阅由 Niels Ferguson、Bruce Schneier 和 Tadayoshi Kohno 所著的 *Cryptography Engineering*。

逐步了解安全的过程，往往也是理解人以及他们如何使用我们系统的过程。关于微服务，还有一个与人相关的方面没有做讨论，就是组织结构和系统架构之间的相互影响。正如安全一样，我们会发现，忽视人的因素会是一个严重的错误。

第 10 章

康威定律和系统设计

到目前为止，本书大部分的内容集中在向细粒度架构迈进时所面临的技术挑战。但除此之外，我们也需要考虑组织方面的问题。在这一章，我们将了解到忽略公司的组织结构会带来什么样的危险。

我们的行业还很年轻，它似乎在不断地重塑自己。不过，一些关键定律还是经受住了时间的考验。例如摩尔定律，它表示集成电路上可容纳的晶体管数目每两年会增加一倍。该定律已经被证明准确得惊人（尽管有人预测，这种趋势已经放缓）。还有一条定律，我发现几乎普遍适用，在我的日常工作中也更有用，那就是康威定律。

梅尔·康威于 1968 年 4 月在 *Datamation* 杂志上发表了一篇名为 "How Do Committees Invent" 的论文，文中指出：

> 任何组织在设计一套系统（广义概念上的系统）时，所交付的设计方案在结构上
> 都与该组织的沟通结构保持一致。

这句话被称为康威定律，经常以各种形式被引述。埃里克·S. 雷蒙德在《新黑客字典》中总结这一现象时指出："如果你有四个小组开发一个编译器，那你会得到一个四步编译器。"

10.1 证据

据说，当年康威将这个话题的论文提交给《哈佛商业评论》时被拒绝了，因为他们认为没有证据能够证明他的论点。但我认为它是正确的，因为我在许多不同的场景看到过这个理

论被证实，但你不必相信我的话。自从康威的论文提交以来，人们在这一领域进行了大量的研究，探讨组织结构和他们创建的系统之间的关系。

10.1.1　松耦合组织和紧耦合组织

在 *Exploring the Duality Between Product and Organizational Architectures* 一书中，作者 Alan MacCormack、John Rusnak 和 Carliss Baldwin 研究了大量不同的软件系统，把创建这些系统的组织大致分为松耦合组织和紧耦合组织。紧耦合组织的一个例子是商业产品公司，他们的员工都在一起工作，并有着一致的愿景和目标；而松耦合组织的典型代表是分布式开源社区。

在研究中，通过匹配不同类型组织中比较相似的产品，他们发现，组织的耦合度越低，其创建的系统的模块化就越好，耦合也越低；组织的耦合度越高，其创建的系统的模块化也越差。

10.1.2　Windows Vista

微软对它的一个特定产品 Windows Vista 进行了实证研究，观察其自身组织结构如何影响软件质量。具体而言，研究者通过查看多种因素来确定系统中什么样的组件容易出错。[9] 涉及的指标包括代码复杂度等常用的软件质量指标。从统计数据可以看出，与组织结构相关联的指标和软件质量的相关度最高。

关于组织结构如何影响其创建的系统，还有另一个例子。

10.2　Netflix和Amazon

组织和架构应该一致，信奉这个理念的两个典范是 Amazon 和 Netflix。在早期，Amazon 就开始理解了，团队对他们所管理系统的整个生命周期负责的好处。它想要团队共同拥有和运营其创建的系统，并管理整个生命周期。Amazon 也相信，小团队会比大团队的工作更有效。于是产生了著名的"两个比萨团队"，即没有一个团队应该大到两个比萨不够吃。帮助小团队对服务的整个生命周期负责，是驱动 Amazon 开发 AWS 的一个主要原因。团队需要一些工具来自助式地获取相应的计算资源等。

Netflix 从这个例子中学到了很多，因此从一开始，它就确保其本身是由多个小而独立的团队组成，以保证他们创建的服务也能独立于彼此。这确保了系统的架构可以快速地优化。实际上，Netflix 为了想要的系统架构，才设计了这样的组织结构。

注 9：我们都知道 Windows Vista 非常容易出错。

10.3　我们可以做什么

这些证据、轶事和经验表明，组织结构对系统的性质和质量确实有着深刻的影响。这个理解对我们有什么帮助？让我们看看几种不同的组织情况，了解每种情况对我们的系统设计可能产生的影响。

10.4　适应沟通途径

让我们首先单独考虑一个简单的团队。它负责系统设计与实现的各个方面。团队内可以进行频繁的、细粒度的沟通。想象一下，由这样的团队负责一个单一的服务，比如音乐商店的产品目录服务。服务的内部是大量细粒度的方法或函数调用。正如之前所讨论的，我们希望通过服务拆分，使得服务内变化的频度要远远高于服务间变化的频度。这个有着细粒度沟通能力的团队，能够与服务内部频繁讨论代码这个需求很好地匹配。

这个团队发现，关于更改和重构的讨论更容易进行，而且团队成员通常都很有责任感。

现在让我们来想象一个不同的场景。拥有我们产品目录服务的，不再是一个单一的、物理位置上在一起的团队，而是英国和印度的团队都在积极参与对服务的更改，也就是对服务拥有共同所有权。这里的地域和时区界限，使得团队之间非常难于进行细粒度的沟通。相反，他们依靠更多的粗粒度的沟通，比如视频会议和电子邮件。这种情况下，一个英国的团队成员，想要充满信心地去做一个简单的重构有多困难？异地分布式团队的沟通成本较高，因此协调变化的成本也比较高。

当协调变化的成本增加后，有一件事情会发生：人们要么想方设法降低协调/沟通成本，要么停止更改。而后者正是导致我们最终产生庞大的、难以维护的代码库的原因。

我记得曾参与过一个客户的项目，分处异地的两个团队共享单个服务的所有权。最终，每个团队开始处理专门的工作。这允许团队至少对代码库的一部分负责，从而更容易地修改代码。接着，团队间会有更多关于如何集成两部分代码的粗粒度的沟通；最终，与组织结构内的沟通途径匹配所形成的粗粒度 API，形成了代码库中两部分之间的边界。

那么，在考虑服务如何演化设计方面，这个例子给了我们什么样的启示呢？我认为，参与创建系统的开发人员之间存在地理位置差异，是一个应该对服务进行分解的很明显的信号，一般来说，你应该分配单个服务的所有权给可以保持低成本变化的团队。

也许你的公司决定，在另一个国家新开一间办公室，通过这种方式来增加项目的人数。这个时候，积极思考系统的哪部分可以移交给新团队。也许适应沟通途径这种方式，能够驱动你做出将某个接缝拆分出去的决定。

还有一点值得一提，至少基于之前引用的 *Exploring the Duality Between Product and*

Organizational Architectures 的作者的观察，如果构建系统的组织更加松耦合（例如，由异地的团队组成），其所构建的系统则倾向于更加模块化，因此耦合度也越低。一个拥有许多服务的单个团队对其管理的服务会倾向于更紧密地集成，而这种方式在分布式组织中是很难维护的。

10.5　服务所有权

服务所有权是什么意思呢？一般来说，它意味着拥有服务的团队负责对该服务进行更改。只要更改不破坏服务的消费者，团队就可以随时重新组织代码。对于许多团队而言，所有权延伸到服务的方方面面，从应用程序的需求、构建、部署到运维。这种模式在微服务的世界尤为普遍，一个小团队更容易负责一个小服务。所有权程度的增加会提高自治和交付速度。团队需要自己负责部署和维护应用程序，这会激励团队创建出易于部署的服务；也就是说，当没有人能够接受你扔出去的东西时，也就不用担心人们会犯"把东西扔出墙"这种错误了！

当然我很喜欢这种模式。它把决定权交给最合适的人，赋予团队更多的权力和自治，也使其对工作更负责。我见过太多太多的开发人员，把系统移交给测试或部署阶段后，就认为他们的工作已经完成了。

10.6　共享服务的原因

我见过很多团队采用共享服务所有权的模式。不过我发现这种方式效果不佳，原因之前已经讨论过。然而，理解人们为何选用共享服务的原因是很重要的，尤其是当我们能够找到一些令人信服的替代模式，来解决人们潜在的担忧时。

10.6.1　难以分割

很显然，拆分服务的成本太高是多个团队负责单个服务的原因之一，你的组织或许看不到这一点。这常见于大型的单块系统中。如果这是你所面临的主要挑战，那么我希望第 5 章的一些建议可以帮到你。你也可以考虑将团队合并在一起，以更紧密地匹配架构本身。

10.6.2　特性团队

特性团队（即基于特性开发的团队）的想法，是一个小团队负责开发一系列特性需要的所有功能，即使这些功能需要跨越组件（甚至服务）的边界。特性团队的目标很合理。这种结构促使团队保持关注在最终的结果上，并确保工作是集成起来的，避免了跨多个不同的团队试图协调变化的挑战。

在许多情况下，特性团队是对传统的 IT 组织中，团队结构围绕技术边界进行组织的一种修正。例如，你可能有一个团队专门负责用户界面，另一个团队负责应用程序逻辑，第三个团队负责处理数据库。这种环境下，特性团队迈出了一大步，它跨越所有层提供完整的功能。

大范围地采用特性团队后，所有服务都是共享的。每个人都可以改变任意一个服务，任意一段代码。在这种情况下，服务守护者的角色如果还存在的话，会变得复杂得多。不幸的是，采用这种模式后我很少看到守护者，这会导致我们前面讨论的种种问题。

但是，让我们再考虑一下什么是微服务：服务会根据业务领域，而不是技术进行建模。如果负责某个微服务的团队与业务领域相匹配，则它更容易保持对客户的关注，也更容易进行以特性为导向的开发，因为它对服务相关的所有技术有一个全面的了解并且拥有所有权。

当然，也会出现横跨多个服务的特性，但由于我们避免技术导向的团队，这种可能性会大大降低。

10.6.3　交付瓶颈

共享服务的另一个关键原因是，这样做可以避免交付瓶颈。如果某个服务突然出现了大量的变更需求怎么办？想象一下，我们要推出一个功能，让客户能够在所有的产品中看到单个音轨的风格，以及添加一个全新类型的铃声：手机的虚拟音乐铃声。网站团队需要改变界面样式的信息，而移动应用程序团队需要让用户能够浏览、预览和购买铃声。这两个需求都需要更改产品目录服务，但不幸的是，团队的一半成员感染了流感，而另一半被困在了生产环境上的故障诊断中。

不共享服务，我们有几种方式来应对这种情况。第一种方式就是等待。网站和移动应用程序团队转而开发别的功能。取决于特性的重要性和延迟的时长，这可能是个好的主意，但也可能是一个糟糕的想法。

另一种方式是，你可以派人到产品目录团队帮助他们更快地工作。你的系统使用越标准化的技术栈和编程范式，就越容易让其他人更改你的服务。当然，另一方面，如前文所述，标准化会导致团队降低采取正确的解决方案来解决问题的能力，并可能会降低效率。而且，如果该团队在地球的另一边，这也是不可能的。

另一个选择是，把产品目录拆分成一般音乐目录和铃声目录两个服务。如果支持铃声的工作量非常小，而我们未来在这一领域工作的可能性也很低，这个选择可能是不成熟的。另一方面，如果铃声相关的功能累积有 10 周的工作量，拆分出服务，并且让移动团队拥有所有权，可能还是有意义的。

不过，还有另一种模式可以很好地工作。

10.7 内部开源

那么，如果我们已经尽了最大的努力，仍然无法找到方法来避免共享几个服务该怎么办？在这个时候，拥抱内部开源模式可能更合理。

标准的开源项目中，一小部分人被认为是核心提交者，他们是代码的守护者。如果你想修改一个开源项目，要么让一个提交者帮你修改，要么你自己修改，然后提交给他们一个pull请求。核心的提交者对代码库负责，他们是代码库的所有者。

在组织内部，这种模式也可以很好地工作。也许最初在服务上工作的人，不再跟团队在一起了，也许他们现在分散在组织的不同地方。好吧，如果他们仍然具备提交的权限，你可以找到他们并寻求帮助，或许跟他们结对，或者如果你有合适的工具，可以给他们发一个pull请求。

10.7.1 守护者的角色

我们仍然希望得到高质量的服务。我们想要体面的代码质量，服务代码的组织方式应该表现出某种一致性。我们也要确保现在的更改不会让未来计划中的更改变得更加困难。这意味着，我们在内部也要采用跟标准开源项目同样的模式。这需要分离出一组受信任的提交者（核心团队）和不受信任的提交者（团队外提交变更的人）。

核心团队需要对更改有某种程度的审批。它需要确保所有的更改符合该代码库的惯例，也就是遵循跟代码库其他代码一致的编码准则。因此，做审批的人不得不花时间在提交者身上，以确保得到高质量的更改。

好的守护者会花费大量的精力与提交者进行清晰的沟通，并对他们的工作方式进行引导。糟糕的守护者会以此为借口，向别人发号施令，或施加类似宗教战争般固执的技术决策。这两种行为我都见过，我可以明确告诉你一件事：无论使用哪种方式，都需要时间。当考虑允许不受信赖的提交者提交更改到你的代码库时，你必须做出决定，专门设置一个守护者的开销是否值得：核心团队是否可以把花费在审批更改上的时间，用在更有意义的事情上？

10.7.2 成熟

服务越不稳定或越不成熟，就越难让核心团队之外的人提交更改。在服务的核心模块到位前，团队可能不知道什么样的代码是好的，因此也很难知道什么是一个好的提交。在这个阶段，服务本身正处于快速变化的状态。

大多数开源项目在完成第一个版本的核心代码前，往往不允许让更广泛的不受信任的提交者们提交代码。在我们自己的组织中采用类似的方式也是合理的。如果一个服务已经相当成熟，而且很少改变，比如购物车服务，也许这个时候，才是开源并让其他人贡献代码的最好时机。

10.7.3　工具

为了更好地支持内部开源模型，你需要一些工具。使用支持 pull 请求（或类似的其他方式）的分布式版本控制工具是很重要的。根据组织的大小，你可能还需要支持讨论和修改提交申请的工具；可能这并不意味着需要一个完整的代码评审系统，但将评论附到提交申请中的能力是非常有用的。最后，你需要让提交者能够很容易地构建和部署软件以供他人使用。这通常需要良好的构建和部署流水线，以及集中构件物仓库。

10.8　限界上下文和团队结构

如前文所述，我们以限界上下文来定义服务的边界。因此，我们希望团队也与限界上下文保持一致。这有很多好处。首先，团队会发现它在限界上下文内更容易掌握领域的概念，因为它们是相互关联的。其次，限界上下文中的服务更有可能发生交互，保持一致可以简化系统设计和发布的协调工作。最后，在交付团队与业务干系人进行交互方面，它有利于团队与此领域内的一两个专家创建良好的合作关系。

10.9　孤儿服务

那么，如何处理不再活跃维护的服务呢？当我们迈向更细粒度的架构时，服务本身变得更小。我们已经讨论过，小服务的目标之一是使它们更简单。功能较少的简单服务，可能在很长一段时间内不需要更改。考虑不起眼的购物车服务，它提供了一些相当基本的功能：添加到购物车、从购物车删除等。完全可以想象，这个服务从第一次实现以后，可能几个月都不需要更改，虽然其他的服务一直频繁地更改。这时候会发生什么？谁拥有这个服务？

如果你的团队结构与组织的限界上下文是一致的，那么即使是修改频率很低的服务也会有实际的所有者。想象一个团队与网上客户销售的限界上下文是一致的。它可以维护网站、购物车和推荐服务。即使在几个月内，购物车服务都没有更改，如果要更改的话，也可以很自然地让这个团队负责。当然，微服务的好处之一是，当团队需要更改该服务以添加新的功能但很难修改时，重写这个服务也不会花太长的时间。

还有，如果你的服务采用真正的多语言方案，使用多个技术栈，那么当你的团队不了解孤儿服务的技术栈时，那么更改它的挑战可能会加大。

10.10 案例研究：RealEstate.com.au

REA 的核心业务是房地产，但包含多个不同的方面，每一方面都是一条业务线（Line Of Business，LOB）。例如，一条业务线是澳大利亚的住宅房地产销售，而另一条业务线涉及 REA 的海外业务。这些业务线有相关联的交付团队（或小组）；一些可能只有一个团队，而最大的有四个。对于住宅房地产，有多个团队参与创建网站和产品目录服务，允许人们浏览房源。成员时不时地在这些团队之间轮换，但往往长时间留在这个业务线，以确保团队成员可以更好地建立业务线的领域知识。反过来，这有助于各种业务干系人和为其实现业务功能的交付团队之间进行沟通。

每条业务线团队，负责自己创建的服务的整个生命周期，包括构建、测试、发布和运维，甚至弃用。一个核心交付服务团队，为这些团队提供建议、指导和工具来帮助他们完成工作。浓厚的自动化文化非常关键，REA 大量使用 AWS，关键原因是想让团队更加自治。图 10-1 说明了这一切是如何工作的。

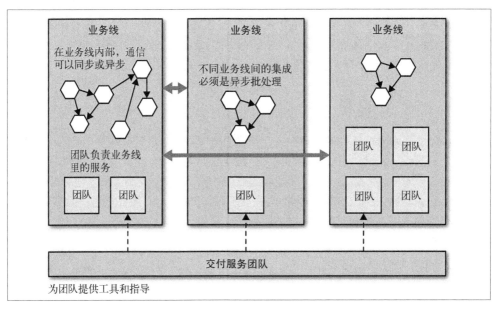

图 10-1：Realestate.com.au 的组织和团队结构，和架构保持一致

与业务相一致的不仅仅是交付团队的组织，还包括架构，例如集成方式。一个业务线内，服务间可以不受任何限制地以任何方式来通信，只要团队确定的服务守护者认为合适即可。但是在业务线之间，所有通信都必须是异步批处理，这是非常小的架构团队的几个严格的规则之一。这种粗粒度的通信与不同业务之间的粗粒度的通信是匹配的。坚持异步批处理，每条业务线在自身的行为和管理上有很大的自由度。它可以随时停止其服务，只要能满足其他业务线的批量集成，以及自己业务干系人的需求，那么没有人会在意。

这种结构不仅使团队，也让不同的业务实现了很好的自治性。几年前 REA 只有少量的几个服务，但现在已经拥有数百个服务，数量比项目人员还多，而且还在以迅猛的速度增长。拥抱变化的能力成功地帮助公司从本地市场扩张到海外市场。而且，更振奋人心的是，与项目组成员交流后留给我的印象是，现在的架构和组织结构只是最新的版本，而不是最终的目的地。我敢说五年后，REA 将再次迥然不同。

这些组织的系统架构和组织结构对变化都有着很好的适应性，这能够产生巨大的效益，因为这样的组织改进了团队的自治性，并且能够加快新需求和新功能的发布速度。很多组织都意识到，系统架构并非凭空产生的，REA 是其中之一。

10.11　反向的康威定律

到目前为止，我们已经谈论过组织是如何影响系统设计的。但是反向的呢？也就是说，系统设计能改变组织吗？虽然我没能找到足够充分的证据来支持这一想法，但确实听说过一些。

也许最好的例子是我多年前为其工作过的一个客户。当时，Web 刚刚起步，互联网就像是将 AOL 软盘里的东西送货上门，这家公司是一个大型印刷公司，有一个小网站。它有网站是因为曾经想做这个事情，但是与许多其他业务相比，这个网站并不是很重要。当创建原始系统时，关于系统如何工作的技术决策也做得相当随意。

这个系统的内容源于多个渠道，但大部分来自供公众浏览的第三方广告。系统有一个输入子系统，允许付费的第三方创建内容；有一个核心子系统，得到输入的数据并以各种形式来充实它；最后还有一个输出子系统，创建最终的网站供公众浏览。

最初的设计决策是否正确已属于历史学家间的对话，但公司多年来改变了不少，我和很多同事都开始怀疑该系统设计是否符合公司的现状。其物理打印业务已经明显减弱，收入急剧减少，因此目前公司的主营业务是在线业务。

当时，我们看到公司的组织结构与系统的三个子系统严格一致。三个 IT 方面的业务线或部门，分别对应输入、核心和输出子系统。这些业务线都有单独的交付团队。我当时并没有意识到，这些组织结构没有早于系统设计，反而是根据系统设计发展成这样的。在印刷业务减少时，伴随着数字业务的增长，系统设计无意中为组织如何发展铺好了道路。

最后，我们意识到，无论系统有什么设计缺陷，我们都不得不通过改变组织结构来推动系统的更改。许多年后，这个过程仍然在进行中！

10.12　人

> "不管一开始看起来什么样，它永远是人的问题。"
>
> ——杰拉尔德·温伯格，咨询第二定律

我们必须承认，在微服务环境中，开发人员很难只在自己的小世界中编写代码。他需要意识到像跨网络边界调用及隐式失败等隐式问题。我们还讨论过微服务的能力，它让尝试新技术更为容易，从数据存储到编程语言。但如果你从一个单块系统的世界走来，那里的大多数开发人员只需要使用一种语言，并且对运维完全没有意识，那么直接把他们扔到微服务的世界，就像是粗鲁地把他们从单纯的世界中叫醒一样。

同样，赋权给开发团队以增加自治也是充满挑战的。过去的人们习惯把工作扔给别人，习惯指责别人，现在让他们对自己的工作完全负责可能会让其感觉不舒服。你甚至会发现，让开发人员携带寻呼机，以防系统需要他们的支持时，都会有合同壁垒！

尽管这本书主要是关于技术的，但是人的问题也绝不只是一个次要问题；他们是你现在拥有系统的构建者，并将继续构建系统的未来。不考虑当前员工的感受，或不考虑他们现有的能力来提出一个该如何做事的设想，有可能会导致一个糟糕的结果。

关于这个话题，每个组织都有自己的节奏。了解你的员工能够承受的变化，不要逼他们改变太快！也许在短时间内，你仍然需要一个单独的团队来处理线上支持或生产环境部署，以便给开发人员足够的时间调整到新的实践中。然而，你可能不得不接受，需要组织中不同人的参与才能搞定这个工作。无论方法是什么，你需要跟员工清楚地阐明，在微服务的世界里每个人的责任，以及为何这些责任如此重要。这能够帮助你了解技能差距并思考如何弥补它们。对许多人来说，这将是一个非常可怕的旅程。请记住，如果没有把人们拉到一条船上，你想要的任何变化从一开始就注定会失败。

10.13　小结

康威定律强调了试图让系统设计跟组织结构不匹配所导致的危险。这引导我们试图将服务所有权与同地团队相匹配，而两者本身与组织限界上下文是匹配的。当两者不一致时，我们会得到本章所阐述的那些摩擦点。认识到两者之间的联系，我们要确保正在构建的系统对组织而言是合理的。

我们这里讲的所有内容，都会涉及组织规模化后的挑战。当我们的系统开始扩大规模，不再是几个分散的服务时，还需要担心其他一些技术方面的考虑。接下来我们会阐述这方面的内容。

第11章

规模化微服务

当你处理书中的小例子时，一切似乎都很简单，但现实世界要复杂得多。当我们的微服务架构从刚开始的简单变得复杂后，会发生什么呢？当我们不得不处理发生故障的多个独立服务，或管理数以百计的服务时，该怎么办呢？当微服务的数量比人还多时，有什么应对的模式吗？让我们一起寻找答案吧！

11.1 故障无处不在

我们知道事情可能会出错，硬盘可能会损坏，软件可能会崩溃。任何读过"分布式计算的故障"（Fallacies of Distributed Computing）的人都会告诉你，网络也是不可靠的。我们可以尽力尝试去限制引起故障的因素，但达到一定规模后，故障难以避免。例如，现在的硬盘比以往任何时候都更可靠，但它们最终也会损坏。你的硬盘越多，其中一个会发生故障的可能性就越大；从统计学来看，规模化后故障将成为必然事件。

即使有些人不必考虑超大规模的情况，但是如果我们能够拥抱故障，那么就能够游刃有余地管理系统。例如，如果我们可以很好地处理服务的故障，那么就可以对服务进行原地升级，因为计划内的停机要比计划外的更容易处理。

我们也可以在试图阻止不可避免的故障上少花一点时间，而花更多时间去优雅地处理它。我很惊讶地发现，许多组织使用流程和控制来试图阻止故障的发生，但实际上很少花费心思想想如何更加容易地在第一时间从故障中恢复过来。

假设一切都会失败，会让你从不同的角度去思考如何解决问题。

许多年前，我在谷歌园区待过一段时间，当时看到过一个拥抱故障想法的例子。在山景城一栋建筑的接待区里，放着一些机架很老的机器，好像做展览一样。我注意到两件事情。首先，这些服务器没有放在服务器机箱里，它们只是机架上安插的几个裸主板。不过，更加引起我注意的事情是，硬盘竟然是被尼龙搭扣给扣上的。我问一个谷歌员工为什么要这么做，他说："哦，硬盘总是坏，我们不想被它们搞砸。这样做的话，只需要把它们拉出来再扔进垃圾桶，然后用尼龙搭扣上一个新的。"

让我再陈述一遍：规模化后，即使你买最好的工具，最昂贵的硬件，也无法避免它们会发生故障的事实。因此，你需要假定故障会发生。如果以这种想法来处理你做的每一件事情，为其故障做好准备，那么就会做出不同的权衡。如果你知道一个服务器将会发生故障，系统也可以很好地应对，那么又何必在阻止故障上花很多精力呢？为什么不像谷歌那样，使用裸主板和一些便宜的组件（一些尼龙搭扣），而不必过多地担心单节点的弹性？

11.2　多少是太多

我们在第 7 章涉及过跨功能需求这一话题。跨功能需求就是，要考虑数据的持久性、服务的可用性、吞吐量和服务可接受的延迟等这些方面。本章提到的许多技术，以及在其他地方讨论过的方法，都能够帮助满足这些需求，但只有你自己知道需求本身到底是什么。

有一个自动扩容系统，能够应对负载增加或单节点的故障，这可能是很棒的，但对于一个月只需运行一两次的报告系统就太夸张了，因为这个系统，即使宕机一两天也没什么大不了的。同样，搞清楚如何做蓝 / 绿部署，使服务在升级时无需停机，对你的在线电子商务系统来说可能会有意义，但对企业内网的知识库来说可能有点过头了。

了解你可以容忍多少故障，或者系统需要多快，取决于系统的用户。反过来，这会帮助你了解哪些技术将对你有意义。也就是说，你的用户不是经常能阐明需求到底是什么，所以你需要通过问问题来提取正确的信息，并帮助他们了解提供不同级别服务的相对成本。

如前所述，服务不同，这些跨功能需求也不一样，不过我建议你定义一些默认的跨功能需求，然后在特定的用例中重载它们。当考虑是否以及如何扩展你的系统，以便更好地处理负载或故障时，首先请尝试理解以下需求。

* 响应时间/延迟
  各种操作需要多长时间？我们可以使用不同数量的用户来测量它，以了解负载的增加会对响应时间造成什么样的影响。鉴于网络的性质，你经常会遇到异常值，所以将监控的响应目标设置成一个给定的百分比是很有用的。目标还应该包括你期望软件处理的并发连接 / 用户数。所以，你可能会说："我期望这个网站，当每秒处理 200 个并发连接时，90% 的响应时间在 2 秒以内。"

- 可用性

  你能接受服务出现故障吗？这是一个 24/7 服务吗？当测量可用性时，有些人喜欢查看可接受的停机时间，但这个对调用服务的人又有什么用呢？对于你的服务，我只能选择信赖或者不信赖。测量停机时间，只有从历史报告的角度才有用。

- 数据持久性

  多大比例的数据丢失是可以接受的？数据应该保存多久？很有可能每个案例都不同。例如，你可能为了节省空间，选择将用户会话的日志只保存一年，但你的金融交易记录可能需要保存很多年。

一旦有这些需求，你就会想要一种方式，系统性地持续测量。例如，可能你决定使用性能测试，以确保系统性能满足可接受的目标，不过可能你也想要在生产环境上监控这些数据。

11.3　功能降级

构建一个弹性系统，尤其是当功能分散在多个不同的、有可能宕掉的微服务上时，重要的是能够安全地降级功能。想象一下，我们电子商务网站上的一个标准的 Web 页面。要把网站的各个功能组合在一起，我们需要几个微服务联合发挥作用。一个微服务可能显示出售专辑的详细信息，另一个显示价格和库存数量。我们还需要展示购物车内容，这可能是另一个微服务。现在，如果这些微服务中的任何一个宕掉，都会导致整个 Web 页面不可用，那么我们可以说，该系统的弹性还不如只使用一个服务的系统。

我们需要做的是理解每个故障的影响，并弄清楚如何恰当地降级功能。如果购物车服务不可用，我们可能会有很多麻烦，但仍然可以显示列表清单页面。也许可以仅仅隐藏掉购物车，将其替换成一个新的图标"马上回来！"。

对简单的单块应用程序来说，我们不需要做很多决定。系统不是好的，就是坏的。但对于微服务架构，我们需要考虑更多微妙的情况。很多情况下，需要做的往往不是技术决策。从技术方面我们可能知道，当购物车宕掉了有哪些处理方式，但除非理解业务的上下文，否则我们不知道该采取什么行动。比如，也许关闭整个网站，也许仍然允许人们浏览物品目录，也许把用户界面上的购物车控件变成一个可下订单的电话号码。对于每个使用多个微服务的面向用户的界面，或每个依赖多个下游合作者的微服务来说，你都需要问自己："如果这个微服务宕掉会发生什么？"然后你就知道该做什么了。

通过思考每项跨功能需求的重要性，我们对自己能做什么有了更好的定位。现在，让我们考虑从技术方面可以做的事情，以确保当故障发生时可以优雅地处理。

11.4 架构性安全措施

有一些模式，组合起来被称为架构性安全措施，它们可以确保如果事情真的出错了，不会引起严重的级联影响。这些都是你需要理解的非常关键的点，我强烈建议在你的系统中把它们标准化，以确保不会因为一个服务的问题导致整个系统的崩塌。我们很快将看到应该考虑的这些关键的安全措施，但在此之前，我想分享一个简短的故事，概述一下哪些事情可能会出错。

我曾是一个项目的技术负责人，这个项目是构建一个在线的分类广告网站。网站本身需要处理相当高的访问量，并获得了大量的业务收入。如图 11-1 所示，我们的核心应用程序是处理一些分类广告本身的展示，同时代理调用其他服务以提供不同类型的产品。这其实是一个绞杀者应用的例子，新系统拦截了对遗留应用程序的调用，并逐渐替代它们。作为这个项目的一部分，也要逐步把这些遗留应用替换掉。我们刚刚迁移了访问量最多和收益最大的产品，但剩余的大部分广告仍由许多旧的应用程序提供服务。无论是这些应用程序的搜索数量，还是获得的收益，都非常大。

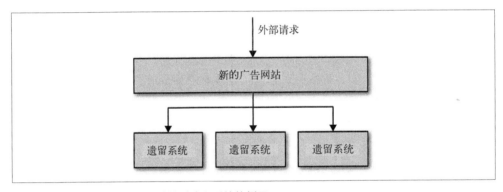

图 11-1：一个典型的新广告系统绞杀遗留系统的例子

我们的系统已经运行了一段时间，并且在一个不小的负载下表现良好。那时在高峰期，我们每秒必须处理大约 6000~7000 个请求，尽管大部分请求已经被应用程序服务器前的反向代理缓存了，但产品搜索的（网站最重要的方面）绝大部分请求都没有被缓存，需要与服务器有一个完整的往返通信。

一天，就在午餐高峰前，系统开始变慢，然后逐渐开始访问失败。我们在新的核心应用程序上有某种程度的监控，它显示每个应用程序节点的 CPU 都达到 100% 的峰值，远高于平常的、即使是高峰期的使用率。在很短的时间内，整个网站宕掉了。

我们找到了问题的原因，并恢复了网站。结果发现，下游的一个广告系统，也是最老的、平常最不经常维护的系统之一，开始响应得非常缓慢。响应非常缓慢是最糟糕的故障模式之一。如果一个系统宕掉了，你很快就会发现。但当它只是很慢的时候，你需要等待一段时间，然后再放弃。但无论故障原因是什么，我们创建了一个容易被故障级联影响的系统。一个无法控制的下游服务，可以让整个系统宕掉。

当一个团队查看下游系统的问题时，其余的人开始查看我们的应用程序哪里出错了。我们发现了几个问题。程序使用 HTTP 连接池来处理下游连接。连接池本身的线程，已经设置了当用 HTTP 调用下游服务时会等待的时间。设置这样的超时本身很好，问题是因为缓慢的下游系统，所有的 worker 都等了一段时间后再超时。当它们在等待时，更多的请求发送到连接池要求 worker 线程。因为没有可用的 worker，这些请求也被挂起。我们正在使用的连接池，原来确实有一个 worker 等待的超时设置，不过默认是禁用的！这导致了一个超长的阻塞线程队列。我们的应用程序任何时候通常只有 40 个并发连接。上述情况造成在五分钟内连接数量达到大约 800 个，这最终导致系统宕掉。

更糟糕的是，我们调用这个出问题的下游服务向外提供的功能，只有低于 5% 的客户在使用，并且获得的收入比这个比例还少。深入到细节中，我们发现，处理系统缓慢要比处理系统快速失败困难得多。在分布式系统中，延迟是致命的。

即使我们连接池的超时设置是正确的，所有的出站请求还是共享一个 HTTP 连接池。这意味着，即使其他的服务很健康，一个缓慢的服务就可能耗尽所有可用的 worker。最后，很明显下游服务是不健康的，但我们仍然一直发送通信。在这种情况下，这意味着，实际上我们让情况变得更糟糕，下游服务都没有恢复的机会了。为了避免这种情况再次发生，我们最终修复了以下三个问题：正确地设置超时，实现舱壁隔离不同的连接池，并实现一个断路器，以便在第一时间避免给一个不健康的系统发送调用。

11.5　反脆弱的组织

在《反脆弱》一书中，作者 Nassim Taleb 认为事物实际上受益于失败和混乱。Ariel Tseitlin 用这个概念解释反脆弱的组织 Netflix 是如何运作的。

像 Netflix 完全是基于 AWS 的基础设施一样，Netflix 的经营规模也是众所周知的。这两个因素意味着，它必须很好地应对故障。实际上 Netflix 通过引发故障来确保其系统的容错性。

一些公司喜欢组织游戏日，在那天系统会被关掉以模拟故障发生，然后不同团队演练如何应对这种情况。我在谷歌工作期间，在各种不同的系统中都能遇到这种活动，并且我认为经常组织这类演练对于很多公司来说都是有益的。谷歌比简单的模拟服务器故障更进一步，作为年度 DiRT（Disaster Recovery Test，灾难恢复测试演习的一部分，它甚至模拟地震等大规模的自然灾害。Netflix 也采用了更积极的方式，每天都在生产环境中通过编写程序引发故障。

这些项目中最著名的是混乱猴子（Chaos Monkey），在一天的特定时段随机停掉服务器或机器。知道这可能会发生在生产环境，意味着开发人员构建系统时不得不为它做好准备。混乱猴子只是 Netflix 的故障机器人猴子军队（Simian Army）的一部分。混乱大猩猩（Chaos Gorilla）用于随机关闭整个可用区（AWS 中对数据中心的叫法），而延迟猴子（Latency Monkey）在系统之间注入网络延迟。Netflix 已使用开源代码许可证开源了这些工具。对许多人来说，你的系统是否真的健壮的终极验证是，在你的生产环境上释放自己的猴子军队。

通过让软件拥抱和引发故障，并构建系统来应对，这只是 Netflix 做的一部分事情。它还知道当失败发生后从失败中学习的重要性，并在错误真正发生时采用不指责文化。作为这种学习和演化过程的一部分，开发人员被进一步授权，他们每个人都需要负责管理他的生产服务。

通过引发故障，并为其构建系统，Netflix 已经确保它的系统能够更好地规模化以及支持其客户的需求。

不是每个人都需要做到像谷歌或 Netflix 那样极致，但重要的是，理解分布式系统所需的思维方式上的转变。事情将会失败。你的系统正分布在多台机器上（它们会发生故障），通过网络（它也是不可靠的）通信，这些都会使你的系统更脆弱，而不是更健壮。所以，无论你是否打算提供像谷歌或 Netflix 那样规模化的服务，在分布式架构下，准备好如何应对各种故障的发生是非常重要的。那么我们需要做什么来应对系统故障呢？

11.5.1　超时

超时是很容易被忽视的事情，但在使用下游系统时，正确地处理它是很重要的。在考虑下游系统确实已经宕掉之前，我需要等待多长时间？

如果等待太长时间来决定调用失败，整个系统会被拖慢。如果超时太短，你会将一个可能还在正常工作的调用错认为是失败的。如果完全没有超，一个宕掉的下游系统可能会让整个系统挂起。

给所有的跨进程调用设置超时，并选择一个默认的超时时间。当超时发生后，记录到日志里看看发生了什么，并相应地调整它们。

11.5.2　断路器

在自己家里，断路器会在电流尖峰时保护你的电子设备。如果出现尖峰，断路器会切断电路，保护你昂贵的家用电器。你也可以手动使用断路器切断家里的部分电源，让电器安全地工作。Michael Nygard 在 *Release It!* 一书中，介绍了使用同样的想法作为软件的保护机制会产生奇妙的效果。

想想我们之前分享的故事。下游的遗留广告应用程序在最终返回错误之前，响应非常慢。即使我们正确地设置超时，也需要等待很长时间才能得到错误。接着我们等下次请求进来时将再次尝试，同样等待。下游服务发生故障已经够糟糕的了，它还让我们的系统变得很慢。

使用断路器时，当对下游资源的请求发生一定数量的失败后，断路器会打开。接下来，所有的请求在断路器打开的状态下，会快速地失败。一段时间后，客户端发送一些请求查看下游服务是否已经恢复，如果它得到了正常的响应，将重置断路器。你可以在图 11-2 中看到这个过程的概述。

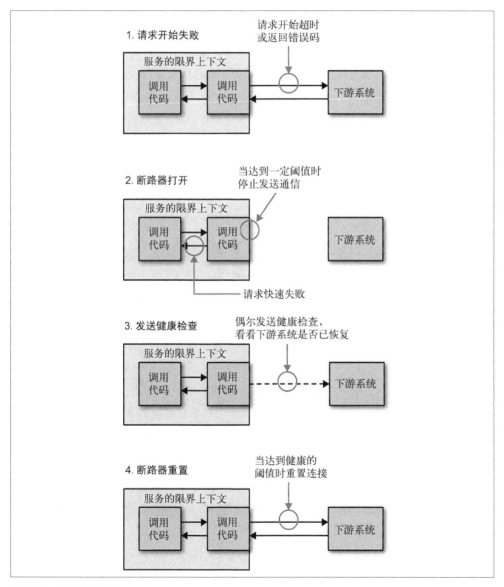

图 11-2：断路器的概述

如何实现断路器依赖于请求失败的定义，但当使用 HTTP 连接实现它们时，我会把超时或 5XX 的 HTTP 返回码作为失败的请求。通过这种方式，当一个下游资源宕掉，或超时，或返回错误码时，达到一定阈值后，我们会自动停止向它发送通信，并启动快速失败。当它恢复健康后，我们会自动重新发送请求。

正确地设置断路器会有点棘手。你不想太轻易地启动断路器，也不想花太多时间来启动。同样，你要确保在下游服务真正恢复健康后才发送通信。跟超时一样，我会选取一些合理的默认值并在各处使用，然后在特定的情况下调整它们。

当断路器断开后，你有一些选项。其中之一是堆积请求，然后稍后重试它们。对于一些场景，这可能是合适的，特别是你所做的工作是异步作业的一部分时。然而，如果这个调用作为同步调用链的一部分，快速失败可能更合适。这意味着，沿调用链向上传播错误，或更微妙的降级功能。

如果我们有这种机制（如家里的断路器），就可以手动使用它们，以使所做的工作更加安全。例如，如果作为日常维护的一部分，我们想要停用一个微服务，可以手动启动依赖它的所有系统的断路器，使它们在这个微服务失效的情况下快速失败。一旦微服务恢复，我们可以重置断路器，让一切都恢复正常。

11.5.3　舱壁

Nygard 在 *Release It!* 中，介绍了另一种模式：舱壁（bulkhead），是把自己从故障中隔离开的一种方式。在航运领域，舱壁是船的一部分，合上舱口后可以保护船的其他部分。所以如果船板穿透之后，你可以关闭舱壁门。如果失去了船的一部分，但其余的部分仍完好无损。

在软件架构术语中，有很多不同的舱壁可供我们考虑。结合我自己的经历，实际上我错过了使用舱壁的机会。我们应该为每个下游服务的连接使用不同的连接池。这样的话，正如我们在图 11-3 看到的，如果一个连接池被用尽，其余连接并不受影响。这可以确保，如果下游服务将来运行缓慢，只有那一个连接池会受影响，其他调用仍可以正常进行。

关注点分离也是实现舱壁的一种方式。通过把功能分离成独立的微服务，减少了因为一个功能的宕机而影响另一个的可能性。

看看你的系统所有可能出错的方面，无论是微服务内部还是微服务之间。你手头有舱壁可以使用吗？我建议，至少为每个下游连接建立一个单独的连接池。不过，你可能想要更进一步，也考虑使用断路器。

我们可以把断路器看作一种密封一个舱壁的自动机制，它不仅保护消费者免受下游服务问题的影响，同时也使下游服务避免更多的调用，以防止可能产生的不利影响。鉴于级联故障的危险，我建议对所有同步的下游调用都使用断路器。当然，不需要重新创造你自己的断路器。Netflix 的 Hystrix 库是一个基于 JVM 的断路器，附带强大的监控。还有其他的基于不同技术栈的断路器实现，比如 .NET 的 Polly，或 Ruby 的 circuit_breaker mixin。

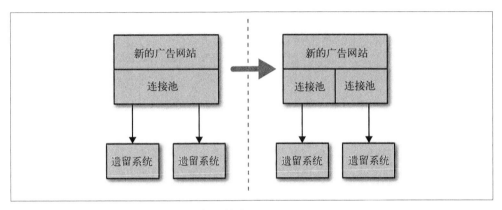

图 11-3：每个下游服务一个连接池，以提供舱壁

在很多方面，舱壁是三个模式里最重要的。超时和断路器能够帮助你在资源受限时释放它们，但舱壁可以在第一时间确保它们不成为限制。例如，Hystrix 允许你在一定条件下，实现拒绝请求的舱壁，以避免资源达到饱和，这被称为减载（load shedding）。有时拒绝请求是避免重要系统变得不堪重负或成为多个上游服务瓶颈的最佳方法。

11.5.4　隔离

一个服务越依赖于另一个，另一个服务的健康将越能影响其正常工作的能力。如果我们使用的集成技术允许下游服务器离线，上游服务便不太可能受到计划内或计划外宕机的影响。

服务间加强隔离还有另一个好处。当服务间彼此隔离时，服务的拥有者之间需要更少的协调。团队间的协调越少，这些团队就更自治，这样他们可以更自由地管理和演化服务。

11.6　幂等

对幂等操作来说，其多次执行所产生的影响，均与一次执行的影响相同。如果操作是幂等的，我们可以对其重复多次调用，而不必担心会有不利影响。当我们不确定操作是否被执行，想要重新处理消息，从而从错误中恢复时，幂等会非常有用。

让我们考虑一个简单调用的例子，当客户下一个订单后给他增加一些积分。我们以示例 11-1 所示的负载发起这个调用。

```
<credit>
  <amount>100</amount>
  <forAccount>1234</account>
</credit>
```

如果多次收到这个调用，我们会多次增加 100 点。因此，按照这种情况，这个调用不是幂等的。然而，如示例 11-2 所示，当有更多的信息后，我们就可以让积分账户把这次调用变成幂等操作。

```
<credit>
  <amount>100</amount>
  <forAccount>1234</account>
  <reason>
    <forpurchase>4567</forpurchase>
  </reason>
</credit>
```

现在我们知道，这次信用与一个特定的订单 4567 相关。假如一个给定的订单只能获得唯一的积分，我们可以在不增加总积分的情况下，再次应用这个积分。

这种机制在基于事件的协作中也会工作得很好，尤其是当你有多个相同类型的服务实例都订阅同一个事件时，会非常有用。即使我们存储了哪些事件被处理过，在某些形式的异步消息传递中，可能还留有小窗口，两个 worker 会看到相同的信息。通过以幂等方式处理这些事件，我们确保不会导致任何问题。

有些人太极端化这一概念，认为它意味着，后续的调用如果使用相同的参数，对系统不会有任何的影响，这让我们处在一个有趣的位置。例如，我们仍然希望记录调用的发生及其响应时间到日志中，以收集这个数据来做监控。这里的关键点是，我们认为那些业务操作是幂等的，而不是整个系统状态的。

有些 HTTP 动词，例如 GET 和 PUT，在 HTTP 规范里被定义成幂等的，但要让这成为事实，依赖于你的服务在处理这些调用时是否使用了幂等方式。如果使用了这些动词，但操作不是幂等的，然而调用者认为它们可以安全地重复执行，你可能会让自己陷入困境。记住，仅仅因为你使用 HTTP 作为底层协议，并不意味着就可以免费得到它提供的一切好处。

11.7　扩展

一般来说，我们扩展系统的原因有以下两个。首先，为了帮助处理失败；如果我们担心有些东西会失败，那么多一些这些东西会有帮助，对吗？其次，我们为性能扩展，无论是处理更多的负载、减少延迟或两者兼而有之。让我们看一些常见的通用扩展技术，并思考如何将它们应用于微服务架构中。

11.7.1　更强大的主机

一些操作可能受益于更强大的主机。一个有着更快的 CPU 和更好的 I/O 的机器，通常可以改善延迟和吞吐量，允许你在更短的时间内处理更多的工作。这种形式的扩展通常被称为垂直扩展，它是非常昂贵的，尤其是当你使用真正的大机器时。有时一个大服务器的成本要比两个稍小服务器的成本高，虽然两者联合起来的总性能与大服务器相同。不过，有时我们的软件本身，当有更多额外的可用硬件资源时并不能做得更好。大机器通常给我们更多的 CPU 内核，但如果写的软件没有充分利用它们也是不够的。另一个问题是，这种形式的扩展无法改善我们服务器的弹性！尽管如此，这可能是一个可以快速见效的很好的方式，特别是当你正在使用虚拟化供应商的服务，并且它允许你轻松地调整机器的大小时。

11.7.2　拆分负载

正如在第 6 章中所述的，单服务单主机模型肯定要优于多服务单主机模型。然而在最初的时候，很多人决定将多个微服务共存于一台主机，以降低成本或简化主机管理（尽管这个原因有待商榷）。因为微服务是通过网络通信的独立进程，所以把它们切换到使用自己的主机来提高吞吐量和伸缩性，应该是一件很容易的事。这还可以增加系统的弹性，因为单台主机的宕机将影响较少数量的微服务。

当然，我们也可能因为要扩展需要把现有的微服务拆分成几个部分，以更好地处理负载。举一个简单的例子，想象我们的账户服务提供创建和管理个人客户的财务账户的功能，同时也暴露一个 API 用于运行查询来生成报表。这个查询功能会给系统带来一个严重的负载。这个查询不是那么重要，因为白天需要保持订单流时并不需要它。然而，为客户管理财务账单的能力是至关重要的，因此我们不能承担它宕机带来的后果。通过把这两个功能拆分到单独的服务，减少了关键账户服务上的负载，并且引入一个用以查询的新的账户报表服务（也许使用我们在第 4 章中描述的一些技术），但作为一个非关键系统，并不需要像核心账户服务那样以富有弹性的方式部署。

11.7.3　分散风险

弹性扩展的一种方式是，确保不要把所有鸡蛋放在一个篮子里。一个简单的例子是，确保你不要把多个服务放到一台主机上，因为主机的宕机会影响多个服务。但让我们考虑一下主机指的是什么。在大多数情况下，现在的主机实际上是一个虚拟的概念。如果所有的服务都在不同的主机上，但这些主机实际上都是运行在一台物理机上的虚拟主机呢？如果物理机宕掉，同样也会失去多个服务。一些虚拟化平台能够确保你的主机分布在多个不同的物理机上，以减小发生上述情况的可能性。

对于内部的虚拟化平台，常见的做法是，虚拟机的根分区映射到单个 SAN (Storage Area Network，存储区域网络)。如果 SAN 故障，会影响所有连接的虚拟机。SAN 是大型的、昂贵的，并且被设计成不会发生故障。不过，在过去的 10 年中，那些大型且昂贵的 SAN 至少发生过两次故障，而且每次的后果都相当严重。

另一种常见的减少故障的方法是，确保不要让所有的服务都运行在同一个数据中心的同一个机架上，而是分布在多个数据中心。如果你使用基础服务供应商，知道 SLA（Service-Level Agreement，服务等级协议）是否提供和具备相应的计划是非常重要的。如果需要确保你的服务在每季度不超过四小时的宕机时间，但是主机供应商只能保证每个季度不超过八小时的宕机时间，你必须改变 SLA 或选取一个替代解决方案。

比如，AWS 被拆分为多个地区，你可以把它们看作不同的云。每个地区依次被拆分成两个或更多的 AZs（Availability Zones，可用性区域）。AZs 是 AWS 中数据中心的叫法。因为 AWS 不提供单个节点甚至整个 AZs 可用性的担保，所以将服务分布在多个 AZs 是必不可少的。对于其计算服务，把区域作为一个整体，AWS 在每月给定的期间，仅提供 99.95% 的正常运行时间保证，所以要将你的负载分布到单个地区的多个 AZs 中。对于一些人来说，这依然是不够的，他们需要跨多个地区运行他们的服务。

当然，值得注意的是，供应商给你的 SLA 保证肯定会减轻他们的责任！如果供应商错失担保目标，给他们的客户也就是你带来大量金钱上的损失，你会发现即使翻遍整个合同，也很难找到可以从他们那里追回任何损失的条款。因此，我强烈建议你，了解供应商如果没有履行义务的影响，并看看是否需要准备一个 B（或 C）计划。例如，我的很多客户都将一个灾难恢复托管平台放到一个不同的供应商那里，以确保他们不至于脆弱得因为一家公司出错而受影响。

11.7.4　负载均衡

当你想让服务具有弹性时，要避免单点故障。对于公开一个同步 HTTP 接口这样典型的微服务来说，要达到这个目的最简单的方法是，如图 11-4 所示，在一个负载均衡器后，放置多台主机运行你的微服务实例。对于微服务的消费者来说，你不知道你是在跟一个微服务实例通信，还是一百个。

负载均衡器各种各样，从大型昂贵的硬件设备，到像 mod_proxy 这样基于软件的负载均衡器。它们都有一些共同的关键功能。它们都是基于一些算法，将调用分发到一个或多个实例中，当实例不再健康时移除它们，并当它们恢复健康后再添加进来。

一些负载均衡器提供了其他有用的功能。常见的一个是 SSL 终止，通过 HTTPS 连接入站负载均衡器后，当到实例本身时转换成 HTTP 连接。从经验上看，管理 SSL 的开销非常大，拥有一个负载均衡器来处理这个过程是相当有用的。如今，这在很大程度上也简化了单个主机运行实例的配置。不过，使用 HTTPS 的原因，正如我们在第 9 章讨论的，是确保请求不容易受到中间人的攻击，所以如果使用 SSL 终止，在某种程度上可能会暴露我们自己。缓解这个问题的一个方法，正如我们在图 11-5 中看到的，是把所有的微服务实例都放在一个独立的 VLAN 里。VLAN 是一个虚拟局域网，所有的外部请求只能通过一个路由器访问内部。在这个例子中，这个路由器也就是 SSL 终端负载均衡器。VLAN 外部跟微服务通信的唯一方式是通过 HTTPS，而内部的所有通信都是通过 HTTP。

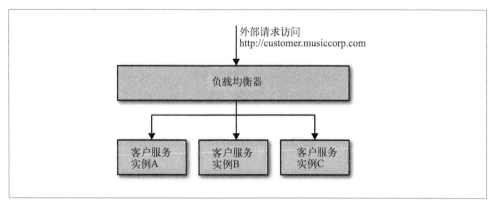

图 11-4：使用负载均衡来扩展客户服务实例的一个例子

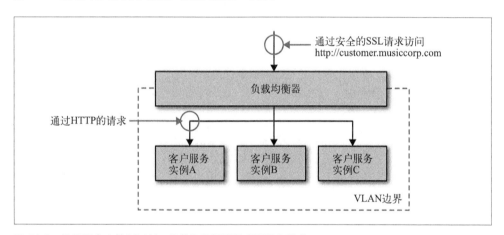

图 11-5：使用更安全的 VLAN，负载均衡提供的 HTTPS 终止

AWS 以 ELBs（Elastic Load Balancers，弹性负载均衡器）的形式，提供 HTTPS 终止的负载均衡器，你可以使用其安全组或 VPCs（Virtual Private Clouds，私有虚拟云）来实现 VLAN。另外，像 mod_proxy 这样的软件，可以发挥类似软件负载均衡器的作用。许多组织使用硬件负载均衡器，不过它很难实现自动化。正因为如此，我自己倾向于在硬件负载均衡器后使用软件负载均衡器，这样允许团队自由地按需重新配置它们。事实上，硬件负载均衡器本身往往也会成为单点故障！不过，无论采用哪种方式，当考虑负载均衡器的配置时，要像对待服务的配置一样对待它：确保它存放在版本控制系统中，并且可以被自动化地应用。

负载均衡器允许我们以对服务的所有消费者透明的方式，增加更多的微服务实例。这提高了我们应对负载的能力，并减少了单个主机故障的影响。然而，很多（如果不是大多数的话）微服务会有某种形式的持久化数据存储，很有可能是在另一台机器上的数据库。如果多个微服务实例运行在多台机器上，但只有一台主机在运行数据库实例，那么数据库依然是一个单点故障源。我们很快会讨论应对这个问题的模式。

11.7.5　基于worker的系统

负载均衡不是服务的多个实例分担负载和降低脆弱性的唯一方式。根据操作性质的不同，基于 worker 的系统可能和负载均衡一样有效。在这里，所有的实例工作在一些共享的待办作业列表上。列表里可能是一些 Hadoop 的进程，或者是共享的作业队列上的一大批监听器。这些类型的操作非常适合批量或异步作业。比如像图像缩略图处理、发送电子邮件或生成报告这样的任务。

该模型同样适用于负载高峰，你可以按需增加额外的实例来处理更多的负载。只要作业队列本身具有弹性，该模型就可以用于改善作业的吞吐量，也可以改善其弹性，因为它很容易应对 worker 故障（或 worker 不存在）带来的影响。作业有可能需要更长的时间，但不会丢失。

我在一些组织中看到过这种方式且工作得很好，这些组织在一天的某些时候会有大量未使用的计算能力。例如，在半夜你可能不需要很多机器运行电子商务系统，因此可以暂时使用它们来运行生成报告任务的 worker。

使用基于 worker 的系统时，虽然 worker 本身不需要很高的可靠性，但保存待办作业列表的系统时需要。你可以使用一个持久化的消息代理来解决这个问题，或使用像 Zookeeper 这样的系统。如果我们使用已有的软件来做这件事情，好处是可以享用很多前人所做的努力。然而，我们仍然需要知道，如何配置和维护这些系统，使得它们具有弹性。

11.7.6　重新设计

系统最初的架构，可能和能够应对很大负载容量的架构是不同的。正如 Jeff Dean 在他的演讲 "Challenges in Building Large-Scale Information Retrieval Systems"（2009 年 WSDM 会议）中所说的，你的设计应该"考虑 10 倍容量的增长，但超过 100 倍容量时就要重写了"。在某些时刻，你需要做一些相当激进的事情，以支持负载容量增加到下一个级别。

回忆我们在第 6 章讨论的 Gilt 的故事。一个简单的单块 Rails 应用程序可以很好地为 Gilt 工作两年。其业务变得越来越成功，这意味着更多的客户和更多的负载。在某一个临界点，该公司不得不重新设计应用程序，来处理之前就预见到的负载。

重新设计可能意味着拆分现有的单块系统，就像 Gilt 做的那样。或可能意味着挑选新的数据存储方式，以便更好地应对负载，我们很快会看到这个方案。它还可能意味着采用新的技术，例如从同步请求 / 响应转换成基于事件的系统，采用新的部署平台，改变整个技术栈，或所有介于这些之间的方案。

当达到特定伸缩阈值时，必须重新设计架构。有人以此为理由，主张从一开始就构建大规模系统。这是很危险的，甚至可能是灾难性的。在开始一个新项目时，我们往往不知道真正想要构建的是什么，也不知道它是否会成功。我们需要快速实验，并以此了解需要构建哪些功能。如果在前期为准备大量的负载而构建系统，将在前期做大量的工作，以准备应对也许永远不会到来的负载，同时耗费了本可以花在更重要的事情上的精力，例如，理解是否真有人会使用我们的产品。Eric Ries[10] 讲述了一个故事，他花了六个月的时间构建了一个产品，却压根没有人下载。他反思说，他本可以在网页上放一个链接，当有人点击时返回 404，以此来检验是否真的有这样的需求。与此同时他可以在海滩上度过六个月，并且这种方式跟花六个月构建产品学到的知识是一样多的！

需要更改我们的系统来应对规模化，这不是失败的标志，而是成功的标志。

11.8　扩展数据库

扩展无状态的微服务是相对简单的。但如果我们把数据存储在一个数据库呢？我们也需要知道如何扩展数据库。不同类型的数据库会提供不同形式的扩展，理解哪种形式最适合你的使用场景，将确保从一开始你就选择了正确的数据库技术。

11.8.1　服务的可用性和数据的持久性

更直接地说，重要的是你要区分服务的可用性和数据的持久性这两个概念。你需要明白这是不同的两件事情，因此会有不同的解决方案。

例如，对于所有写入数据库的数据，我可以将一份副本存储到一个弹性文件系统。如果数据库出现故障，数据不会丢失，因为有一个副本，但数据库本身是不可用的，这会使我们的微服务也不可用。一个更常用的模式是使用副本。把写入主数据库的所有数据，都复制到备用副本数据库。如果主数据库出现故障，我的数据是安全的，但如果没有一个机制让主数据库恢复或提升副本为主数据库，即使数据是安全的，数据库依然不可用。

11.8.2　扩展读取

很多服务都是以读取数据为主的。例如保存我们出售物品信息的目录服务。添加新物品记录是相当不规律的，如果说每笔写入的目录数据都有 100 次以上的读取，这个数字不会让

注 10：《精益创业》的作者。——译者注

你感到惊讶。令人高兴的是，扩展读取要比扩展写入更容易。缓存的数据在这里可以发挥很大的作用，我们稍后会进行更深入的讨论。另一种模式是使用只读副本。

在像 MySQL 或 Postgres 这样的 RDBMS（Relational Database Management System，关系型数据库管理系统）中，数据可以从主节点复制到一个或多个副本。这样做通常是为了确保有一份数据的备份以保证安全，但我们也可以用它来分发读取。正如我们在图 11-6 中看到的，服务可以在单个主节点上进行所有的写操作，但是读取被分发到一个或多个只读副本。从主数据库复制到副本，是在写入后的某个时刻完成的，这意味着使用这种技术读取，有时候看到的可能是失效的数据，但是最终能够读取到一致的数据，这样的方式被称为最终一致性。如果你能够处理暂时的不一致，这是一个相当简单和常见的用来扩展系统的方式。稍后我们在看 CAP 定理时，会深入讨论这个话题。

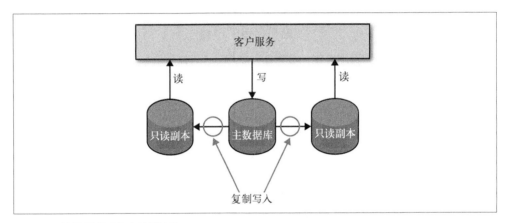

图 11-6：使用只读副本来扩展读取

几年前，使用只读副本进行扩展风靡一时，不过现在我建议你首先看看缓存，因为它可以提供更显著的性能改善，而且工作量往往更少。

11.8.3　扩展写操作

扩展读取是比较容易的。那么扩展写操作呢？一种方法是使用分片。采用分片方式，会存在多个数据库节点。当你有一块数据要写入时，对数据的关键字应用一个哈希函数，并基于这个函数的结果决定将数据发送到哪个分片。举一个非常简单的（实际上是很糟的）的例子，你可以想象将客户记录 A~M 写到一个数据库实例，而 N~Z 写到另一个数据库实例。你可以在应用程序里管理这部分逻辑，但一些数据库，例如 Mongo，已经帮你处理了很多。

分片写操作的复杂性来自于查询处理。查找单个记录是很容易的，因为可以应用哈希函数找到数据应该在哪个实例上，然后从正确的分片获取它。但如果查询跨越了多个节点呢？例如，查找所有年满 18 岁的顾客。如果你要查询所有的分片，要么需要查询每个分片，然后在内存里进行拼接，要么有一个替代的读数据库包含所有的数据集。跨分片查询往往采用异步机制，将查询的结果放进缓存。例如，Mongo 使用 map/reduce 作业来执行这些查询。

使用分片系统会出现的问题之一是，如果我想添加一个额外的数据库节点该怎么办？在过去，这往往需要大量的宕机时间（特别是对于大型集群），因为你需要停掉整个数据库，然后重新分配数据。最近，越来越多的系统支持在不停机的情况下添加额外的分片，而重新分配数据会放在后台执行；例如，Cassandra 在这方面就处理得很好。不过，添加一个分片到现有的集群依然是有风险的，因此你需要确保对它进行了充分的测试。

写入分片可能会扩展写容量，但不会提高弹性。如果客户记录 A~M 总是去实例 X，那么当实例 X 不可用时，A~M 的记录依然无法访问。Cassandra 在这方面提供额外的功能，可以确保数据在一个环（ring，Cassandra 的术语，来描述它的节点集合）内复制到多个节点。

正如你可能已经推断出的，从上面这些简单的概述中我们发现，扩展数据库写操作非常棘手，而各种数据库在这方面的能力开始真正分化。我经常看到，当人们无法轻松地扩展现有的写容量时，才改变数据库技术。如果这发生在你身上，买一个大点的机器往往是快速解决这个问题的方法，但长远来看，你可能需要看看像 Cassandra、Mongo 或者 Riak 这样的数据库系统，它们不同的扩展模型能否给你提供一个长期的解决方案。

11.8.4　共享数据库基础设施

某些类型的数据库，例如传统的 RDBMS，在概念上区分数据库本身和模式（schema）。这意味着，一个正在运行的数据库可以承载多个独立的模式，每个微服务一个。这可以有效地减少需要运行系统的机器的数量，从这一点来说它很有用，不过我们也引入了一个重要的单点故障。如果该数据库的基础设施出现故障，它会影响多个微服务，这可能导致灾难性故障。如果你正以这样的方式配置数据库，请确保慎重考虑了风险，并且确定该数据库本身具有尽可能高的弹性。

11.8.5　CQRS

CQRS（Command-Query Responsibility Segregation，命令查询职责分离）模式，是一个存储和查询信息的替代模型。传统的管理系统中，数据的修改和查询使用的是同一个系统。使用 CQRS 后，系统的一部分负责获取修改状态的请求命令并处理它，而另一部分则负责处理查询。

收到的命令会请求状态的变化，如果这些命令验证有效，它们将被应用到模型。命令应该包含与它们意图相关的信息。它们可以以同步或异步的方式处理，允许扩展不同的模型来处理；例如，我们可以只是将请求排进队列，之后再处理它们。

这里的关键是，内部用于处理命令和查询的模型本身是完全独立的。例如，我可能选择把命令作为事件，只是将命令列表存储在一个数据存储中（这一过程称为事件溯源，event sourcing）。我的查询模型可以查询事件库，从存储的事件推算出领域对象的状态，或只是从系统的命令部分获取一个聚合，来更新其他不同类型的存储。在许多方面，我们得到跟之前讨论的只读副本方式同样的好处，但 CQRS 中的副本数据，不需要和处理数据修改的数据存储相同。

这种形式的分离允许不同类型的扩展。我们系统的命令和查询部分可能是在不同的服务或在不同的硬件上，完全可以使用不同类型的数据存储。这解锁了处理扩展的大量方法。你甚至可以通过实现不同的查询方式来支持不同类型的读取格式，比如支持图形展示的数据格式，或是基于键 / 值形式的数据格式。

但要提醒大家一句：相对于单一数据存储处理所有的 CRUD 操作的模式，这种模式是一个相当大的转变。我见过不止一个经验丰富的开发团队在纠结如何正确地使用这一模式！

11.9 缓存

缓存是性能优化常用的一种方法，通过存储之前操作的结果，以便后续请求可以使用这个存储的值，而不需花时间和资源重新计算该值。通常情况下，缓存可以消除不必要的到数据库或其他服务的往返通信，让结果返回得更快。如果使用得当，它可以带来巨大的性能好处。HTTP 在处理大量请求时，伸缩性如此良好的原因就是内置了缓存的概念。

即使对一个简单的单块 Web 应用程序来说，你也可以选择在很多不同的地方，使用多种不同的方式进行缓存。在微服务的架构下，每个服务都有自己的数据源和行为，对于在何处以及如何缓存，我们有更多的选择。对于一个分布式系统，通常认为缓存可以放在客户端或服务端。但是，放在哪里最好呢？

11.9.1 客户端、代理和服务器端缓存

使用客户端缓存的话，客户端会存储缓存的结果。由客户端决定何时（以及是否）获取最新副本。理想情况下，下游服务将提供相应的提示，以帮助客户端了解如何处理响应，因此客户端知道何时以及是否需要发送一个新的请求。代理服务器缓存，是将一个代理服务器放在客户端和服务器之间。反向代理或 CDN（Content Delivery Network，内容分发网络），是很好的使用代理服务器缓存的例子。服务器端缓存，是由服务器来负责处理缓存，可能会使用像 Redis 或 Memcache 这样的系统，也可能是一个简单的内存缓存。

哪种缓存最合理取决于你正在试图优化什么。客户端缓存可以大大减少网络调用的次数，并且是减少下游服务负载的最快方法之一。但是使用由客户端负责缓存这种方式，如果你想改变缓存的方式，让大批的消费者全都变化是很困难的。让过时的数据失效也比较棘

手，尽管我们会在稍后讨论一些应对机制。

使用代理服务器缓存时，一切对客户端和服务器都是不透明的。这通常是增加缓存到现有系统的一个非常简单的方法。如果代理服务器被设计成对通用的流量进行缓存，它也可以缓存多个服务。一个常见的例子是，反向代理 Squid 或 Varnish，它们可以缓存任何 HTTP通信。在客户端和服务器间加入代理服务器，会引入额外的网络跳数（network hops），虽然以我的经验来说，它很少会导致出现问题，因为缓存本身的性能优化已经超过了其他额外的网络开销。

使用服务器缓存，一切对客户端都是不透明的，它们不需要关心任何事情。缓存在服务器外围或服务器限界内时，很容易了解一些类似数据是否失效这样的事情，还可以跟踪和优化缓存命中率。在你有多种类型客户端的情况下，服务器缓存可能是提高性能的最快方式。

我工作过的每一个面向公众的网站，最终都是混合使用这三种方法。不过对于几个分布式系统，我没有使用任何缓存。所有这些都取决于你需要处理多少负载，对数据及时性有多少要求，以及你的系统现在能做什么。知道你有几个不同的工具，这只是一个开始而已。

11.9.2　HTTP缓存

HTTP 提供了一些非常有用的控制手段，帮助我们在客户端或服务器端缓存，即使你不使用 HTTP 也值得了解一下。

首先，使用 HTTP，我们可以在对客户端的响应中使用 cache-control 指令。这些指令告诉客户他们是否应该缓存资源，以及应该缓存几秒。我们还可以设置 Expires 头部，它不再指定一段内容应该缓存多长时间，而是指定一个日期和时间，资源在该日期和时间后被认为失效，需要再次获取。你共享的资源本质，决定了哪一种方法最为合适。标准的静态网站内容，像 CSS 和图片，通常很适合使用简单的 cache-control TTL（Time To Live，生存时间值）。另一方面，如果你事先知道什么时候会更新一个新版本的资源，设置 Expires头部将更有意义。以上两种方法都非常有用，客户端甚至无需发请求给服务器。

除了 cache-control 和 Expires，我们在 HTTP 的兵器库里还有另一种选择：实体标签（Entity Tags）或称为 ETag。ETag 用于标示资源的值是否已改变。如果我更新了客户记录，虽然访问资源的 URI 相同，但值已经不同，所以我会改变 ETag。有一种非常强大的请求方式叫作条件 GET。当发送一个 GET 请求时，我们可以指定附加的头告诉服务器，只有满足某些条件时才会返回资源。

例如，假如我们想要获取一个客户的记录，其返回的 ETag 是 o5t6fkd2sa。稍后，也许因为 cache-control 指令告诉我们这个资源可能已经失效，所以我们想确保得到最新的版本。当发出后续的 GET 请求，我们可以发送一个 If-None-Match:o5t6fkd2sa。这个条件判断请求告诉服务器，如果 ETag 值不匹配则返回特定 URI 的资源。如果我们的已经是最新版本，服务器会直接返回响应 304（未修改），告诉客户端缓存的已经是最新版本。如果有可用的新版本，我们会得到响应 200 OK、更新后的资源以及新的 ETag。

在这样广泛使用的规范里内置了这些控制手段，这意味着可以利用大量已存在的软件，来帮助我们处理缓存。像 Squid 或 Varnish 这样的反向代理服务器可以位于客户端和服务器间的网络上，可以按需存储缓存内容和使内容过期。这些系统旨在快速处理大量的并发请求，并且它们也是面向公众网站扩展的一种标准方式。像 AWS 的 CloudFront 或 Akamai 这样的 CDN，可以把请求路由到调用附近的缓存，以确保通信不会跨越半个地球。简单地说，HTTP 客户端库和客户端缓存可以帮我们做大量的工作。

ETag、Expires 和 cache-control 会有一些重叠，如果你决定全部使用它们，那么最终有可能会得到相互矛盾的信息！关于各种方式的优点的深入讨论，可以看一下《REST 实战》，或阅读 HTTP 1.1 规范的第 13 章，它们描述了客户端和服务器应该如何实现这些不同的控制手段。

无论你是否决定使用 HTTP 作为服务间通信的协议，客户端缓存和减少客户端与服务器之间不必要的通信，都是值得尝试的措施。如果你决定选择一个不同的协议，请了解何时以及如何为客户提供提示，以帮助其理解可以缓存的时间。

11.9.3　为写使用缓存

你会发现尽管自己经常在读取时使用缓存，但在一些用例中，为写使用缓存也是有意义的。例如，如果你使用后写式（writebehind）缓存，可以先写入本地缓存中，并在之后的某个时刻将缓存中的数据写入下游的、可能更规范化的数据源中。当你有爆发式的写操作，或同样的数据可能会被写入多次时，这是很有用的。后写式缓存是在缓冲可能的批处理写操作时，进一步优化性能的很有用的方法。

使用后写式缓存，如果对写操作的缓冲做了适当的持久化，那么即使下游服务不可用，我们也可以将写操作放到队列里，然后当下游服务可用时再将它们发送过去。

11.9.4　为弹性使用缓存

缓存可以在出现故障时实现弹性。使用客户端缓存，如果下游服务不可用，客户端可以先简单地使用缓存中可能失效了的数据。我们还可以使用像反向代理这样的系统提供的失效数据。对一些系统来说，使用失效但可用的数据，比完全不可用的要好，不过这需要你自己做出判断。显然，如果我们没有把请求的数据放在缓存中，那么可做的事情不多，但还是有一些方法的。

我曾经在《卫报》中见过一种技术，随后在其他地方也见过，就是定期去爬（crawl）现有的工作的网站，生成一个可以在意外停机时使用的静态网站。虽然这个爬下来的版本不比工作系统的缓存内容新，但在必要时，它可以确保至少有一个版本的网站可以显示。

11.9.5　隐藏源服务

使用普通的缓存，如果请求缓存失败，请求会继续从数据源获取最新的数据，请求调用会一直等到结果返回。在普通情况下，这是期望的行为。但是，如果遭受大量的请求缓存失败，也许是因为提供缓存的整个机器（或一组机器）宕掉，大量的请求会被发送到源服务。

对于那些提供高度可缓存数据的服务，从设计上来讲，源服务本身就只能处理一小部分的流量，因为大多数请求已经被源服务前面的缓存处理了。如果我们突然得到一个晴天霹雳的消息，由于整个缓存区消失了，源服务就会接收到远大于其处理能力的请求。

在这种情况下，保护源服务的一种方式是，在第一时间就不要对源服务发起请求。相反，如图 11-7 所示，在需要时源服务本身会异步地填充缓存。如果缓存请求失败，会触发一个给源服务的事件，提醒它需要重新填充缓存。所以如果整个分片消失了，我们可以在后台重建缓存。可以阻塞请求直到区域被重新填充，但这可能会使缓存本身的争用，从而导致一些问题。更合适的是，如果想优先保持系统的稳定，我们可以让原始请求失败，但要快速地失败。

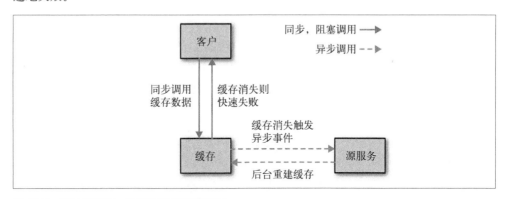

图 11-7：保护源服务，在后台异步重建缓存

在某些情况下这种方法可能没有意义，但当系统的一部分发生故障时，它是确保系统仍然可用的一种方式。让请求快速失败，确保不占用资源或增加延迟，我们避免了级联下游服务导致的缓存故障，并给自己一个恢复的机会。

11.9.6　保持简单

避免在太多地方使用缓存！在你和数据源之间的缓存越多，数据就越可能失效，就越难确定客户端最终看到的是否是最新的数据。这在一个涉及多个服务的微服务架构调用链中，很有可能产生问题。再强调一次，缓存越多，就越难评估任何数据的新鲜程度。所以如果你认为缓存是一个好主意，请保持简单，先在一处使用缓存，在添加更多的缓存前慎重考虑！

11.9.7 缓存中毒：一个警示

使用缓存时，我们经常认为最糟糕的事情是，我们会在一段时间内使用到失效数据。但如果发现你会永远使用失效数据，该怎么办？在之前提到的一个做过的项目中，我们使用了一个绞杀者应用程序，来帮助拦截对多个遗留系统的调用，希望增量地替换它们。我们的系统作为代理在有效地运行着。应用程序的流量会被路由到遗留系统。在流量返回时，我们做了一些清理工作，例如我们会确保在遗留程序的响应中存在合适的 HTTP 缓存头。

有一天，在一个普通的例行发布后不久，发生了一件奇怪的事情。我们在插入缓存头的一个条件逻辑代码中，引入了一个 bug，导致一小部分页面的缓存头没有被改变。不幸的是，这个下游的应用程序也在之前的某个时候，将 HTTP 头改成包含 Expires: Never。这在以前没有任何影响，因为我们重写过这个头，但现在不一样了。

我们的应用程序大量使用 Squid 来缓存 HTTP 流量，上述问题很快被发现，因为我们看到越来越多的请求绕过 Squid 本身来访问应用程序服务器。修复缓存头代码后，我们发布了一个新的版本，并且手动清除了 Squid 缓存的相关区域，但这还不够。

如前所述，你可以在多个地方进行缓存。当考虑在一个面向公众的 Web 应用程序中提供内容服务时，在你和客户间可能存在多个缓存。可能不仅你在网站上使用 CDN，有些 ISP 也会使用缓存。你可以控制这些缓存吗？即使你可以，还有一个缓存是你无法控制的：用户浏览器中的缓存。

这些使用 Expires: Never 的页面，停留在很多用户的缓存里，永远不会失效，直到缓存已满或者用户手动清理它们。显然，我们无法让上述任何事情发生。我们唯一的选择就是，改变这些网页的 URL，以便能够重新获取它们。

缓存可以很强大，但是你需要了解数据从数据源到终点的完整缓存路径，从而真正理解它的复杂性以及使它出错的原因。

11.10 自动伸缩

如果你足够幸运，可以完全自动化地创建虚拟主机以及部署你的微服务实例，那么你已经具备了对微服务进行自动伸缩的基本条件。

例如，众所周知的趋势有可能会触发伸缩的发生。可能系统的负载高峰是从上午 9 点到下午 5 点，因此你可以在早上 8∶45 启动额外的实例，然后在下午 5∶15 关掉这些你不再需要的实例，以节省开支。你需要数据来了解负载是如何随着时间的推移而变化的，这些数据统计需要跨好几天甚至是好几周的时间周期。一些企业也有明显的季节性周期，所以需要数据帮你做出正确的判断。

另一方面，你可以响应式地进行负载调整，比如在负载增加或某个实例发生故障时，来增加额外的实例，或在不需要时移除它们。关键是要知道一旦发现有上升的趋势，你能够多快完成扩展。如果你只能在负载增加的前几分钟得到消息，但是扩展至少需要 10 分钟，那么你需要保持额外的容量来弥合这个差距。良好的负载测试套件在这里是必不可少的。你可以使用它们来测试自动伸缩规则。如果没有测试能够重现触发伸缩的不同负载，那么你只能在生产环境上发现规则的错误，但这时的后果不堪设想！

新闻网站是一个很好的混合使用预测型伸缩和响应型伸缩的例子。在我上个工作过的新闻网站上，能清楚地看到其日常趋势，从早晨一直到午餐时间负载上升，随后开始下降。这种模式每天都在重复，但在周末流量波动则不太明显。这呈现给你相当明显的趋势，可以据此对资源进行主动扩容（缩容）。另一方面，一个大新闻可能会导致意外的高峰，在短时间内需要更多的容量。

事实上相比响应负载，自动伸缩被更多应用于响应故障。AWS 允许你指定这样的规则："这个组里至少应该有 5 个实例"，所以如果一个实例宕掉后，一个新的实例会自动启动。当有人忘记关掉这个规则时，就会导致一个有趣的打鼹鼠游戏（whack-a-mole），即当试图停掉一个实例进行维护时，它却自动启动起来了！

响应型伸缩和预测型伸缩都非常有用，如果你使用的平台允许按需支付所使用的计算资源，它们可以节省更多的成本。但这也需要仔细观察你提供的数据。我建议，首先在故障的情况下使用自动伸缩，同时收集数据。一旦你想要为负载伸缩，一定要谨慎不要太仓促缩容。在大多数情况下，手头有多余的计算能力，比没有足够的计算能力要好得多！

11.11　CAP定理

我们想要拥有一切，但不幸的是我们做不到。当使用微服务架构构建的分布式系统时，一个数学证明甚至就能证明我们做不到。你很有可能已经听说过 CAP 定理，尤其是在讨论各种不同类型的数据存储的优缺点时。其核心是告诉我们，在分布式系统中有三方面需要彼此权衡：一致性（consistency）、可用性（availability）和分区容忍性（partition tolerance）。具体地说，这个定理告诉我们最多只能保证三个中的两个。

一致性是当访问多个节点时能得到同样的值。可用性意味着每个请求都能获得响应。分区容忍性是指集群中的某些节点在无法联系后，集群整体还能继续进行服务的能力。

自从 Eric Brewer 发表了他的初始猜想后，这个想法得到了数学证明。我不打算深入数学证明本身，因为这不是那一类的书，而且我肯定会把它弄错。相反，让我们用一些实例来帮助理解，CAP 定理背后是一套严密的逻辑推理。

我们已经介绍过一些简单的数据库扩展技术。让我们使用其中一个技术，来探讨 CAP 定理背后的思想。如图 11-8 所示，假设我们的库存服务部署在两个独立的数据中心。我们在每个数据中心的服务实例都有一个数据库支持，并且这两个数据库通过彼此通信进行数据同步。读和写操作都通过本地数据库节点，然后使用副本对不同节点之间的数据进行同步。

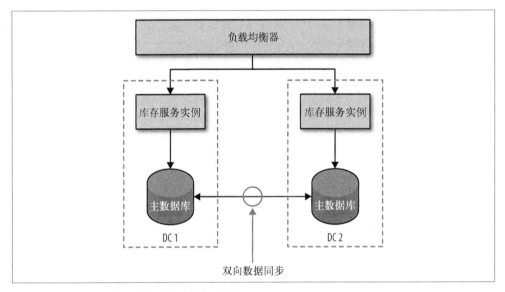

图 11-8：使用双主数据库彼此通信来进行数据同步

现在让我们考虑一下，当出现失败后会发生什么。想象一个简单的场景，比如两个数据中心之间的网络断开了。此时同步会失败，对主数据库 DC1 的写入操作不会传送到 DC2 上，反之亦然。大多数数据库支持一些设置和某种队列技术，以确保之后我们可以恢复，但在此期间会发生什么呢？

11.11.1　牺牲一致性

假设我们完全不停用库存服务。如果现在我更改了 DC1 上的数据，DC2 的数据库将看不到它。这意味着，任何访问我们在 DC2 上库存节点的请求，看到的可能是已经失效的数据。换句话说，我们的系统仍然可用，两个节点在系统分区之后仍然能够服务请求，但失去了一致性。这通常被称为一个 AP 系统。我们无法保证所有的这三个方面。

在这种分区情况下，如果我们继续接受写操作，那就需要接受这样的一个事实，在将来的某个时候它们不得不重新同步。分区持续的时间越长，这个重新同步就会越困难。

现实情况是，即使我们没有数据库节点之间的网络故障，数据复制也不是立即发生的。正如前面提到的，系统放弃一致性以保证分区容忍性和可用性的这种做法，被称为最终一致性；也就是说，我们希望在将来的某个时候，所有节点都能看到更新后的数据，但它不会马上发生，所以我们必须清楚用户将看到失效数据的可能性。

11.11.2　牺牲可用性

如果我们需要保证一致性，相反想要放弃其他方面，会发生什么呢？好吧，为了保证一致性，每个数据库节点需要知道，它所拥有的数据副本和其他数据库节点中的数据完全相同。现在在分区情况下，如果数据库节点不能彼此通信，则它们无法协调以保证一致性。由于无法保证一致性，所以我们唯一的选择就是拒绝响应请求。换句话说，我们牺牲了可用性。系统是一致的和分区容忍的，即 CP。在这种模式下，我们的服务必须考虑如何做功能降级，直到分区恢复以及数据库节点之间可以重新同步。

保持多个节点之间的一致性是非常困难的。有些事情（可能所有的）在分布式系统中会更困难。请想一下，假设我想从本地数据库节点读取一条记录，如何确定它是最新的？我必须去询问另一个节点。但我不得不要求不允许更新数据库节点，直到读取完成；换句话说，我需要启动一个事务，跨多个数据库节点读取以确保一致性。但是一般读取时不使用事务，不是吗？因为事务性读取很慢。它们需要锁。一个读取可以阻塞整个系统。系统所有的一致性都需要一定程度的锁才能完成。

我们已经讨论过，分布式系统一定会出现失败的情况。考虑跨一组一致性节点的事务性读取。我要求在启动读取时，远程节点锁定给定的记录。等我完成读取后，告诉远程节点释放锁，但在这时我发现节点之间的通信失败了，现在怎么办？即使是在单个进程的系统中，锁都很容易出错，在分布式系统中当然就更难做好了。

还记得我们在第 5 章讨论的分布式事务吗？它们很具有挑战性，核心原因是需要确保多个节点的一致性问题。

让多节点实现正确的一致性太难了，我强烈建议如果你需要它，不要试图自己发明使用的方式。相反，选择一个提供这些特性的数据存储或锁服务。例如 Consul（我们很快就会讨论到），设计实现了一个强一致性的键 / 值存储，在多个节点之间共享配置。就像"人们不会让好朋友实现自己的加密算法"，现在成为"人们不会让好朋友实现自己的分布式一致性数据存储"。 如果你认为需要实现自己的 CP 数据存储，首先请阅读完所有相关的论文，然后再拿一个博士学位，最后准备几年的时间来试错。与此同时，我会使用一些合适的、现成的工具，或者放弃一致性，去努力构建一个最终一致性的 AP 系统。

11.11.3　牺牲分区容忍性

我们要挑选 CAP 中的两点，对吗？所以，我们有最终一致的 AP 系统。我们有一致的，但很难实现和扩展的 CP 系统。为什么没有 CA 系统呢？嗯，我们应如何牺牲分区容忍性呢？如果系统没有分区容忍性，就不能跨网络运行。换句话说，需要在本地运行一个单独的进程。所以，CA 系统在分布式系统中根本是不存在的。

11.11.4　AP还是CP

哪个是正确的，AP 还是 CP？好吧，现实中要视情况而定。因为我们知道，在人们构建系统的过程中需要权衡。我们知道 AP 系统扩展更容易，而且构建更简单，而 CP 系统由于要支持分布式一致性会遇到更多的挑战，需要更多的工作。但我们可能不了解这种权衡对业务的影响。对于库存系统，如果一个记录过时了 5 分钟，这可接受吗？如果答案是肯定的，那么解决方案可以是一个 AP 系统。但对于银行客户的余额来说呢？能使用过时的数据吗？如果不了解操作的上下文，我们无法知道正确的做法是什么。了解 CAP 定理只是让你知道这些权衡的存在，以及需要问什么问题。

11.11.5　这不是全部或全不

我们的系统作为一个整体，不需要全部是 AP 或 CP 的。目录服务可能是 AP 的，因为我们不太介意过时的记录。但库存服务可能需要是 CP 的，因为我们不想卖给客户一些没有的东西，然后不得不道歉。

个别服务甚至不必是 CP 或 AP 的。

让我们考虑一下积分账户服务，那里存储了客户已经积攒的忠诚度积分的记录。我们可以不在乎显示给客户的余额是失效的，但当涉及更新余额时，我们必须保证一致性，以确保客户不会使用比他们实际拥有的更多的积分。这个微服务是 CP 还是 AP 的，还是两个都是？事实上，我们所做的是把关于 CAP 定理的权衡，推到单独服务的每个功能中去。

另一种复杂性是，即使对于一致性或可用性而言，也可以有选择地部分采用。许多系统允许我们更精细地做权衡。例如，Cassandra 允许为每个调用做不同的权衡。因此如果需要严格的一致性，我可以在执行一个读取时，保持其阻塞直到所有副本回应确认数据是一致的，或直到特定数量的副本做出回应，或仅仅是一个节点做出回应。显然，如果我保持阻塞直到所有副本做出回应，那么当其中一个不可用时，我会被阻塞很长一段时间。但是如果我满足于只需要一个节点做出回应，接受缺乏一些一致性，这样可以降低一个副本不可用所导致的影响。

你会经常看到关于有人打破 CAP 定理的文章。其实他们并没有，他们所做的其实是创建一个系统，其中有些功能是 CP 的，有些是 AP 的。CAP 定理背后有相应的数学证明。尽管在学校尝试过多次，但最终我不得不承认数学规律是无法打破的。

11.11.6　真实世界

我们讨论过的大部分，是电子世界内存中存储的比特和字节。我们以近乎小孩子的方式谈论一致性，想象在所构建系统的范围内，可以使世界停止，让一切都有意义。然而，我们所构建的只是现实世界的一个映射，有些也是我们无法控制的，对吗？

让我们重新考虑一下库存系统，它会映射到真实世界的实体物品。我们在系统里记录了专辑的数量，在一天开始时，有 100 张 The Brakes 的 *Give Blood* 专辑。卖了一张后，剩 99 张。很简单，对吧？但如果订单在派送的过程中，有人不小心把一张专辑掉到地上并且被踩坏了，现在该怎么办？我们的系统说 99 张，但货架上是 98 张。

如果我们要让库存系统保持 AP，然后不得不偶尔需要与某个用户联系，告诉他已购买的一个专辑实际上缺货，这种体验如何？这会是世界上最糟糕的事情吗？事实上，这样做更容易构建系统及对其进行扩容，同时保证其正确性。

我们必须认识到，无论系统本身如何一致，它们也无法知道所有可能发生的事情，特别是我们保存的是现实世界的记录。这就是在许多情况下，AP 系统都是最终正确选择的原因之一。除了构建 CP 系统的复杂性外，它本身也无法解决我们面临的所有问题。

11.12　服务发现

一旦你已经拥有不少微服务，关注点就会不可避免地转向它们究竟在何处。也许你想知道，在特定环境下有哪些微服务在运行，据此你才能知道哪些应该被监测。也许像了解你的账户服务在哪里一样简单，以便其消费者知道在哪里能找到它。或许你只是想方便组织里的开发人员了解哪些 API 可用，以避免他们重新发明轮子。从广义上来说，上述所有用例都属于服务发现。与微服务世界中的其他问题类似，我们有很多不同的选项来处理它。

所有我见过的解决方案，都会把事情分成两部分进行处理。首先，它们提供了一些机制，让一个实例注册并告诉所有人："我在这里！"其次，它们提供了一种方法，一旦服务被注册就可以找到它。然后，当考虑在一个不断销毁和部署新实例的环境中，服务发现会变得更复杂。理想情况下，我们希望无论选择哪种解决方案，它都应该可以解决这些问题。

让我们看一些最常见的服务发现解决方案，然后再考虑如何选择。

DNS

最好先从简单的开始。DNS 让我们将一个名称与一个或多个机器的 IP 地址相关联。例如，我们可以决定，总能在 accounts.musiccopr.com 上发现账户服务。接着会将这个域名关联到运行该服务的主机的 IP 地址上，或者关联到一个负载均衡器，然后给不同的实例分发负载。这意味着，我们不得不把更新这些条目作为部署服务的一部分。

当处理不同环境中的服务实例时，我见过的一个很好的方式是使用域名模板。例如，我们可以使用一个形如"<服务名>-<环境>.musiccorp.com"的模板，然后基于此模板生成 accounts-uat.musiccorp.com 或 accounts-dev.musiccorp.com 这样的域名项。

处理不同环境的更先进的方式是，在不同的环境中使用不同的域名服务器。所以我可以假定，总是可以通过 accounts.musiccorp.com 找到账户服务，但根据其所处环境的不同，可能会解析到不同的主机上。如果你已经将环境放进不同的网段，并且可以很容易地管理 DNS 服务器和条目，这可能是相当简洁的解决方式，但如果你不能从这种设置中获取更多其他的好处，相对来说这个投入就太大了。

DNS 有许多优点，其中最主要的优点是它是标准的，并且大家对这个标准都非常熟悉，几乎所有的技术栈都支持它。不幸的是，尽管有很多服务可以管理组织内的 DNS，但其中很少是为处理这种高度可控制主机的场景而设计的，这使得更新 DNS 条目有些痛苦。亚马逊的 Route53 服务在这方面确实做得不错，但在可选的自托管服务中，还没有像它一样好的，虽然（我们很快就会讨论）Consul 在这方面可能会提供一些帮助。除了更新 DNS 条目存在的问题，DNS 规范本身也会导致一些问题。

域名的 DNS 条目有一个 TTL。客户端可以认为在这个时间内该条目是有效的。当我们想要更改域名所指向的主机时，需要更新该条目，但不得不假定客户至少在 TTL 所指示的时间内持有旧的 IP。DNS 可以在多个地方缓存条目（甚至 JVM 也会缓存 DNS 条目，除非你告诉它不要这么做），它们被缓存的地方越多，条目就越可能会过时。

绕过这个问题的一种方法是，如图 11-9 所示，让你的域名条目指向负载均衡器，接着由它来指向服务实例。当你部署一个新的实例时，可以从负载均衡器中移除旧的实例，并添加新的实例。有些人使用 DNS 轮询调度，DNS 条目会指向一组机器。这种技术存在很严重的问题，因为底层主机对客户端是不可见的，因此当某个主机有问题时，很难停止对该主机的请求路由。

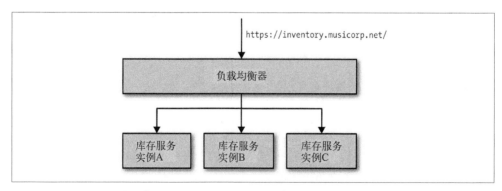

图 11-9：使用 DNS 指向负载均衡器，以避免失效 DNS 条目的问题

如前所述，DNS 是广为人知并被广泛支持的。但它确实有一两个缺点。我建议在采用更复杂的方案之前，调查一下它是否适合你。当你只有单个节点时，使用 DNS 直接引用主机就可以了。但对于那些有多个主机实例的情况，应该将 DNS 条目解析到负载均衡器，它可以正确地把单个主机移入和移出服务。

11.13　动态服务注册

作为一种在高度动态的环境发现节点的方法，DNS 存在一些缺点，从而催生了大量的替代系统，其中大部分包括服务注册和一些集中的注册表，注册表进而可以提供查找这些服务的能力。通常，这些系统所做的不仅仅是服务注册和服务发现，这可能也不是一件好事。这是一个拥挤的领域，因此只看其中几个选项，让你大概了解一下有哪些选择可用。

11.13.1　Zookeeper

Zookeeper 最初是作为 Hadoop 项目的一部分进行开发的。它被用于令人眼花缭乱的众多使用场景中，包括配置管理、服务间的数据同步、leader 选举、消息队列和命名服务（对我们有用的）。

像许多相似类型的系统，Zookeeper 依赖于在集群中运行大量的节点，以提供各种保障。这意味着，你至少应该运行三个 Zookeeper 节点。Zookeeper 的大部分优点，围绕在确保数据在这些节点间安全地复制，以及当节点故障后仍能保持一致性上。

Zookeeper 的核心是提供了一个用于存储信息的分层命名空间。客户端可以在此层次结构中，插入新的节点，更改或查询它们。此外，它们可以在节点上添加监控功能，以便当信息更改时节点能够得到通知。这意味着，我们可以在这个结构中存储服务位置的信息，并且可以作为一个客户端来接收更改消息。Zookeeper 通常被用作通用配置存储，因此你也可以存储与特定服务相关的配置，这可以帮助你完成类似动态更改日志级别，或关闭正在运行的系统特性这样的任务。我个人倾向于不使用 Zookeerp 这样的系统作为配置源，因为我认为这使得在给定服务中定位变得更加困难。

Zookeeper 本身所提供的特性是相当通用的，这就是它适用于这么多场景的原因。你可以认为它只是信息树的一个副本，当它发生更改时对你做出提醒。这意味着，你通常会在它上面构建一些功能，以适应你的特定场景。幸运的是，大多数语言都提供了客户端库。

在众多选项中，Zookeeper 可以说是比较老的，而且对比新的替代品，在服务发现方面没有提供很多现成的功能。即便如此，它还是被充分使用和测试过的，并得到了广泛使用。Zookeeper 底层算法的正确实现相当困难。例如，我知道一个数据库供应商，只使用 Zookeeper 作为 leader 选举，以确保在出现故障的情况下，能够正确提升主节点。这个客户认为 Zookeeper 太重量级了，然后自己实现了 PAXOS 算法来替换 Zookeeper，结果花费了大量时间来修复其中的缺陷。人们常说，你不应该实现自己的加密算法库。我想延伸这个说法，你也不应该实现自己的分布式协调系统。使用已有的可工作的选择是非常明智的。

11.13.2　Consul

和 Zookeeper 一样，Consul 也支持配置管理和服务发现。但它比 Zookeeper 更进一步，为这些关键使用场景提供了更多的支持。例如，它为服务发现提供一个 HTTP 接口。Consul 提供的杀手级特性之一是，它实际上提供了现成的 DNS 服务器。具体来说，对于指定的名字，它能提供一条 SRV 记录，其中包含 IP 和端口。这意味着，如果系统的一部分已经在使用 DNS，并且支持 SRV 记录，你就可以直接开始使用 Consul，而无需对现有系统做任何更改。

Consul 还内置了一些你可能觉得有用的其他功能，比如，对节点执行健康检查的能力。这意味着，Consul 提供的功能与其他专门的监测工具提供的有重叠，虽然你更可能使用 Consul 作为这些信息的数据源，然后把它放到更全面的仪表板或报警系统中。不过，Consul 的高容错设计，以及在处理大量使用临时节点系统方面的专注，确实让我好奇是否在一些场景下，它最终可以取代像 Nagios 和 Sensu 这样的系统。

Consul 从注册服务、查询键 / 值存储到插入健康检查，都使用的是 RESTful HTTP 接口，这使集成不同技术栈变得非常简单。另一个让我非常喜欢的事情是，Consul 背后的团队把底层集群管理拆分了出来。Consul 底层的 Serf 可以处理集群中的节点监测、故障管理和报警。然后 Consul 在其之上添加了服务发现和配置管理。这种关注点分离的做法很吸引我，这应该不会让你感到奇怪，因为这个主题贯穿本书！

Consul 很新，鉴于它使用算法的复杂性，我通常犹豫是否要推荐用它来完成这种重要的工作。尽管如此，Hashicorp，其背后的团队，确实在创建非常有用的开源技术方面有很好的记录（Packer 和 Vagrand），这个项目还在积极发展中，我也和几个在生产环境上使用过它的人聊过。鉴于此，我认为它很值得一看。

11.13.3　Eureka

Netflix 的开源系统 Eureka，追随 Consul 和 Zookeeper 等系统的趋势，但它没有尝试成为一个通用配置存储。实际上，它有非常确定的目标使用场景。

Eureka 还提供了基本的负载均衡功能，它可以支持服务实例的基本轮询调度查找。它提供了一个基于 REST 的接口，因此你可以编写自己的客户端，或者使用它自己提供的 Java 客户端。Java 客户端提供了额外的功能，如对实例的健康检查。很显然，如果你绕过 Eureka 的客户端，直接使用 REST 接口，就可以自行实现了。

通过客户端直接处理服务发现，可以避免一个单独的进程。但每个客户端需要实现服务发现。Netflix 在 JVM 上进行了标准化，让所有的客户端都使用 Eureka 来达到这个目的。如果你在一个多语言的环境中，挑战会更大。

11.13.4　构造你自己的系统

我自己用过并且在其他地方见过的一种方法是，构造你自己的系统。曾经在一个项目上，我们大量使用 AWS，它提供了将标签添加到实例的能力。当启动服务实例时，我使用标签来帮助定义实例是做什么的。这允许你关联一些丰富的元数据到给定的主机，例如：

- 服务 = 账户
- 环境 = 生产
- 版本 = 154

我可以使用 AWS 的 API，来查询与给定 AWS 账户相关联的所有实例，找到所关心的机器。在这里，AWS 本身处理与每个实例相关联的元数据的存储，并为我们提供查询的能力。然后我构建了命令行工具来实现与这些实例之间的交互，并构建仪表板使状态监控变得更加容易，尤其是当你让每个服务实例都提供健康检查接口时。

上一次，我没有做到使用 AWS 的 API 来发现服务依赖关系这一步，但事实上我可以做到。很明显，如果你希望当下游服务的位置发生变化时，上游服务能得到提醒，就需要自己构建系统。

11.13.5　别忘了人

到目前为止，我们看过的系统让服务实例注册自己并查找所需要通信的其他服务变得非常容易。但是我们有时也想要这些信息。无论你选择什么样的系统，要确保有工具能让你在这些注册中心上生成报告和仪表盘，显示给人看，而不仅仅是给电脑看。

11.14　文档服务

通过将系统分解为更细粒度的微服务，我们希望以 API 的形式暴露出很多接缝，人们可以用它来做很多很棒的事情。如果正确地进行了服务发现，就能够知道东西在哪里。但是我们如何知道这些东西的用处，或如何使用它们？一个明显的选择是 API 的文档。当然，文档往往会过时。理想情况下，我们会确保文档总是和最新的微服务 API 同步，并当大家需要知道服务在哪里时，能够很容易地看到这个文档。两种不同的技术，Swagger 和 HAL，试图使这成为现实，这两个都值得一看。

11.14.1　Swagger

Swagger 让你描述 API，产生一个很友好的 Web 用户界面，使你可以查看文档并通过 Web 浏览器与 API 交互。能够直接执行请求是一个非常棒的特性。例如，你可以定义 POST 模板，明确微服务期望的内容是什么样的。

要实现这些，Swagger 需要服务提供与其格式相匹配的附属文件。Swagger 有大量的不同语言的库可以帮你做这些。例如，对于 Java，你可以对方法使用注解来匹配 API 调用，然后就可以生成相应的文件。

我喜欢 Swagger 提供的终端用户体验，但它为超媒体核心中的增量探索概念做得很少。尽管如此，它仍是一个很好的公开服务文档的方法。

11.14.2　HAL和HAL浏览器

HAL（Hypertext Application Language，超文本应用程序语言）本身是一个标准，用来描述我们公开的超媒体控制的标准。正如我们在第 4 章中提过的，超媒体控制是一种方法，它允许客户逐步探索我们的 API 来使用服务，并且其耦合度比其他集成技术都低。如果你决定采用 HAL 的超媒体标准，那么不仅可以利用广泛使用的客户端库消费 API（在撰写本文时，HAL 维基列出了多种不同语言的 50 个支持库），也可以使用 HAL 的浏览器，它提供了一种通过 Web 浏览器探索 API 的方式。

就像 Swagger，这个用户界面不仅可以充当活文档，还可以对服务本身执行调用。虽然它的执行调用并不是那么顺畅。使用 Swagger 时，你可以对像发一个 POST 请求这样的事情定义模板，而使用 HAL 时你需要自己做更多。另一方面是，超媒体控制的内在能力能够让你更有效地探索 API 公开的服务，因为就可以很容易地跟随链接。事实证明，Web 浏览器很擅长做这种事情！

跟 Swagger 不同，驱动这个文档的所有信息和沙箱都被嵌入在超媒体控制中。这是一把双刃剑。如果你已经在使用超媒体控制，几乎可以毫不费力地提供一个 HAL 浏览器，让客户探索你的 API。然而，如果没有使用超媒体，那你要么不使用 HAL，要么改造你的 API 来使用超媒体，这个行为很可能会破坏现有的消费者。

HAL 还描述了一些超媒体标准，并有相应的客户端支持库，这是一个额外的好处，也许这就是在已使用超媒体控件的人中，使用 HAL 作为 API 文档比使用 Swagger 更多的原因。如果你在使用超媒体，我更推荐使用 HAL 而不是 Swagger。但是如果你没有使用超媒体，也不能判断将来是否切换，我肯定会建议使用 Swagger。

11.15　自描述系统

在 SOA 的早期演化过程中，UDDI（Universal Description, Discovery, and Integration，通用描述、发现与集成服务）标准的出现，帮助人们理解了哪些服务正在运行。这些方法都相当重量级，并催生出一些替代技术去试图理解我们的系统。Martin Fowler 提出了人文注册表（humane registry）的概念，它是一个更轻量级的方法，在这个方法中有一个地方，可以让人们记录组织中有关服务的信息，和维基一样简单。

有一个关于我们系统行为的全景图是非常重要的，特别是在规模化后。我们已经讨论了许多不同的技术，它们会帮助我们理解系统。通过追踪下游服务的健康状态和使用关联标识，可以帮助我们识别调用链，得到关于服务如何交互的真实数据。使用像 Consul 这样的服务发现系统，可以看到我们的微服务在哪里运行。HAL 让我们在任何给定的接口上查看有哪些功能，同时健康检查页面和监控系统，让我们知道系统整体的和单个服务的健康状态。

所有这些信息都能以编程的方式使用。所有这些数据使我们的人文注册表，比一个毫无疑问会过时的简单维基页面更强大。所以我们应该使用它来显示系统发出的所有信息。通过创建自定义的仪表盘，我们可以将大量信息结合在一起，帮助我们理解生态系统。

无论如何，从活系统中抽取出一些数据，来形成静态 Web 页面或维基是一个很好的开始。随着时间的推移，获取的信息越来越多。简化这些信息的获取，是系统运行规模化后管理浮现出来的复杂性的关键工具。

11.16　小结

作为一种设计方法，微服务还相当年轻，所以虽然我们有一些很好的经验可以借鉴，但我相信未来几年，会产生更多有用的模式来处理规模化。尽管如此，我希望本章列出的一些步骤，可供你在规模化微服务的旅途中借鉴，并打下良好的基础。

除了本章所涵盖的内容，我推荐 Nygard 的优秀图书 *Release It!*。在书里他分享了一系列关于系统故障的故事，以及一些处理它们的模式。这本书很值得一读（事实上，我甚至认为它应该成为构建任何规模化系统的必读书籍）。

我们已经讨论了很多，并已经接近尾声了。在下一章也就是最后一章中，我会综合所有内容，总结本书所学的内容。

第12章

总结

在前面的章节我们已经讨论了相当多的内容，从微服务的定义到如何划分它的边界，从集成技术到安全和监控。我们甚至还探讨了微服务架构下，架构师的角色应该是什么样子的。虽然每个微服务本身很小，但是它对架构的影响却很广很大，所以还是需要学习很多东西。在本章，我会尝试总结一些贯穿全书的关键点。

12.1 微服务的原则

我们在第 2 章讨论过，微服务原则可以发挥什么样的作用。它们主要描述了该如何做，以及为什么应该这样做的问题。这些原则可以帮助我们在构建系统时做出各种决定。你绝对应该定义自己的原则，但微服务的一些关键原则，如图 12-1 总结的，我认为值得在这里详述。这些原则将帮助我们，创建出一系列可以很好地进行协同工作的自治的小服务。到目前为止，微服务的所有内容我们在本书中已经至少提过一次了，所以本章没有新的内容，但是精炼出它们的核心精华也是有价值的。

你可以选择全部采用这些原则，或者定制采用一些在自己的组织中有意义的部分。但请注意，组合使用这些原则的价值：整体使用的价值要大于部分使用之和。所以，如果决定要舍弃其中一个原则，请确保你明白其带来的损失。

对于每个原则，我已经在本书中尝试列出了一些支持它们的实践。俗话说的好：条条道路通罗马。你可能会使用自己的方式来实现这些原则，但下面列出的实践能够给你带来一个好的开始。

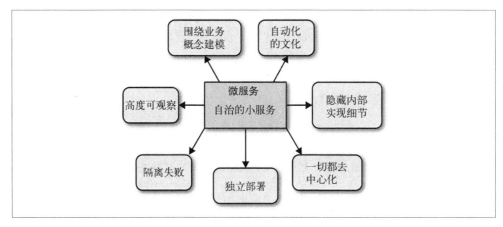

图 12-1：微服务的原则

12.1.1　围绕业务概念建模

经验表明，围绕业务的限界上下文定义的接口，比围绕技术概念定义的接口更加稳定。针对系统如何工作这个领域进行建模，不仅可以帮助我们形成更稳定的接口，也能确保我们能够更好地反映业务流程的变化。使用限界上下文来定义可能的领域边界。

12.1.2　接受自动化文化

微服务引入了很多复杂性，其中的关键部分是，我们不得不管理大量的服务。解决这个问题的一个关键方法是，拥抱自动化文化。前期花费一定的成本，构建支持微服务的工具是很有意义的。自动化测试必不可少，因为相比单块系统，确保我们大量的服务能正常工作是一个更复杂的过程。调用一个统一的命令行，以相同的方式把系统部署到各个环境是一个很有用的实践，这也是采用持续交付对每次提交后的产品质量进行快速反馈的一个关键部分。

请考虑使用环境定义来帮助你明确不同环境间的差异，但同时保持使用统一的方式进行部署的能力。考虑创建自定义镜像来加快部署，并且创建全自动化不可变服务器，这会更容易定位系统本身的问题。

12.1.3　隐藏内部实现细节

为了使一个服务独立于其他服务，最大化独自演化的能力，隐藏实现细节至关重要。限界上下文建模在这方面可以提供帮助，因为它可以帮助我们关注哪些模型应该共享，哪些应该隐藏。服务还应该隐藏它们的数据库，以避免陷入数据库耦合，这在传统的面向服务的架构中也是最常见的一种耦合类型。使用数据泵（data pump）或事件数据泵（event data pump），将跨多个服务的数据整合到一起，以实现报表的功能。

在可能的情况下，尽量选择与技术无关的 API，这能让你自由地选择使用不同的技术栈。请考虑使用 REST，它将内部和外部的实现细节分离方式规范化，即使是使用 RPC，你仍然可以采用这些想法。

12.1.4　让一切都去中心化

为了最大化微服务能带来的自治性，我们需要持续寻找机会，给拥有服务的团队委派决策和控制权。在这个过程初期，只要有可能，就尝试使用资源自助服务，允许人们按需部署软件，使开发和测试尽可能简单，并且避免让独立的团队来做这些事。

在这个旅程中，确保团队保持对服务的所有权是重要的一步，理想情况下，甚至可以让团队自己决定什么时候让那些更改上线。使用内部开源模式，确保人们可以更改其他团队拥有的服务，不过请注意，实现这种模式需要很多的工作量。让团队与组织保持一致，从而使康威定律起作用，并帮助正在构建面向业务服务的团队，让他们成为其构建的业务领域的专家。一些全局的引导是必要的，尝试使用共同治理模型，使团队的每个成员共同对系统技术愿景的演化负责。

像企业服务总线或服务编配系统这样的方案，会导致业务逻辑的中心化和哑服务，应该避免使用它们。使用协同来代替编排或哑中间件，使用智能端点（smart endpoint）确保相关的逻辑和数据，在服务限界内能保持服务的内聚性。

12.1.5　可独立部署

我们应当始终努力确保微服务可以独立部署。甚至当需要做不兼容更改时，我们也应该同时提供新旧两个版本，允许消费者慢慢迁移到新版本。这能够帮助我们加快新功能的发布速度。拥有这些微服务的团队，也能够越来越具有自治性，因为他们不需要在部署过程中不断地做编配。当使用基于 RPC 的集成时，避免使用像 Java RMI 提供的那种使用生成的桩代码，紧密绑定客户端 / 服务器的技术。

通过采用单服务单主机模式，可以减少部署一个服务引发的副作用，比如影响另一个完全不相干的服务。请考虑使用蓝 / 绿部署或金丝雀部署技术，区分部署和发布，降低发布出错的风险。使用消费者驱动的契约测试，在破坏性的更改发生前捕获它们。

请记住，你可以更改单个服务，然后把它部署到生产环境，无需联动地部署其他任何服务，这应该是常态，而不是例外。你的消费者应该自己决定何时更新，你需要适应他们。

12.1.6　隔离失败

微服务架构能比单块架构更具弹性，前提是我们了解系统的故障模式，并做出相应的计划。如果我们不考虑调用下游可能会失败的事实，系统会遭受灾难性的级联故障，系统也会比以前更加脆弱。

当使用网络调用时，不要像使用本地调用那样处理远程调用，因为这样会隐藏不同的故障模式。所以确保使用的客户端库，没有对远程调用进行过度的抽象。

如果我们心中持有反脆弱的信条，预期在任何地方都会发生故障，这说明我们正走在正确的路上。请确保正确设置你的超时，了解何时及如何使用舱壁和断路器，来限制故障组件的连带影响。如果系统只有一部分行为不正常，要了解其对用户的影响。知道网络分区可能意味着什么，以及在特定情况下牺牲可用性或一致性是否是正确的决定。

12.1.7 高度可观察

我们不能依靠观察单一服务实例，或一台服务器的行为，来看系统是否运行正常。相反，我们需要从整体上看待正在发生的事情。通过注入合成事务到你的系统，模拟真实用户的行为，从而使用语义监控来查看系统是否运行正常。聚合你的日志和数据，这样当你遇到问题时，就可以深入分析原因。而当需要重现令人讨厌的问题，或仅仅查看你的系统在生产环境是如何交互时，关联标识可以帮助你跟踪系统间的调用。

12.2 什么时候你不应该使用微服务

这个问题我被问过很多次了。我的第一条建议是，你越不了解一个领域，为服务找到合适的限界上下文就越难。正如我们前面所讨论的，服务的界限划分错误，可能会导致不得不频繁地更改服务间的协作，而这种更改成本很高。所以，如果你不了解一个单块系统领域的话，在划分服务之前，第一件事情是花一些时间了解系统是做什么的，然后尝试识别出清晰的模块边界。

从头开发也很具有挑战性。不仅仅因为其领域可能是新的，还因为对已有东西进行分类，要比对不存在的东西进行分类要容易得多！因此，请再次考虑首先构建单块系统，当稳定以后再进行拆分。

当微服务规模化以后，你面临的许多挑战会变得更加严峻。如果你主要采用手工的方式做事情，当只有一两个服务时还可以应对，如果是 5 到 10 个服务呢？坚持老式的监控实践，查看诸如 CPU 和内存指标的这种方式，在只有几个服务时还好，但服务间的协作越多，你就会越痛苦。随着增加更多的服务，你会发现自己在不断触及这些痛点。我希望这本书的建议，可以帮你预见其中的一些问题，并且了解一些如何解决这些问题的具体技巧。我之前说过，REA 和 Gilt 在有能力大规模使用微服务之前，花费了一定时间来构建工具和实践，帮助管理微服务。这些经历让我更加相信逐步开始的重要性，它可以帮助你了解组织改变的意愿和能力，这将有助于正确地采用微服务。

12.3　临别赠言

微服务架构会给你带来更多的选择，也需要你做更多的决策。相比简单的单块系统，在微服务的世界里，做决策是一个更为常见的活动。我可以保证，你总会在一些决策上出错。既然知道了我们难免要做一些错事，那该怎么办呢？嗯，我会建议你，尽量缩小每个决策的影响范围。这样一来，如果做错了，只会影响系统的一小部分。学会拥抱演进式架构的概念，在这种概念下，系统会在你学到一些新东西之后扩展和变化。不要去想大爆炸式的重写，取而代之的是随着时间的推移，逐步对系统进行一系列更改，这样做可以保持系统的灵活性。

希望到目前为止，我给你分享了足够多的知识和经验，能帮助你决定微服务是否适合你。如果微服务适合你，我希望你把它看作一个旅程，而不是终点。逐步前行。一块块地拆分你的系统，逐步学习。习惯这一点：从很多方面来说，持续地改变和演进系统，这条规则比我在本书中分享给你的任何一个知识都要重要。变化是无法避免的，所以，拥抱它吧！

关于作者

Sam Newman 是 ThoughtWorks 的一名技术专家。目前，他一部分时间用在客户的项目上，一部分时间用于 ThoughtWorks 的内部系统架构上。他曾与全球多个领域的多家公司合作过，常常同时涉及开发和运维。如果你问他是做什么的，他会说："我和人们一起构建更好的软件系统。"他写过文章，在会议上发表过演讲，偶尔也会给开源项目提交些代码。

关于封面

本书封面上的动物是蜜蜂。在 20 000 种已知的蜂类中，只有 7 种被认为是蜜蜂。蜜蜂之所以不同，是因为它们采食花粉和花蜜酿造蜂蜜，并用蜂蜡建造蜂巢。人类养蜂采蜜已传承数千年之久。

一个蜂巢里有几千到几万只蜜蜂，蜂群内部分工明确。它们有三个社群阶级：蜂后、雄蜂和工蜂。每个蜂巢有一个蜂后，在一次飞行交配后能保持 3~5 年的产卵期，每日产卵可达 2000 个。雄蜂在蜂群中的作用是与蜂后交配（交配后它们的带刺生殖器会被撕离身体，不久便会死亡）。工蜂是繁殖器官发育不完善的雌性蜜蜂。工蜂最为忙碌，它们在一生中承任了很多职责，例如保育、筑巢、储存花蜜和花粉、放哨、清洁和采蜜。采蜜蜂会以特别的舞蹈方式告知同伴采蜜的讯息。

三个社群阶级的蜜蜂外形相似，有两对翅膀、六条腿，身体分成头、胸和腹部。全身披密密的黄黑相间的短绒毛。它们通过消化和转化花蜜中的多糖而酿造出蜂蜜。

蜜蜂对农业生产至关重要，因为它们在采集花粉和花蜜的过程中，会给农作物和其他开花植物传播花粉。每个蜂房的蜜蜂平均一年可以收集 66 磅的花粉。近年来，许多蜜蜂种类的数目大幅减少引发人们的关注，被称为"蜂群衰竭失调"。目前还不清楚导致这种现象的原因是什么，一些理论包括：寄生虫害、杀虫剂的使用或疾病，但迄今为止，还没有发现有效的预防措施。

O'Reilly 封面上的许多动物都濒临灭绝，它们对这个世界都是非常重要的。想要了解更多关于如何帮助它们的信息，请访问 animals.oreilly.com。

封面图片出自 Johnson 的 *Natural History*。

书号：978-7-115-40365-0
定价：49.00 元

书号：978-7-115-38405-8
定价：49.00 元

书号：978-7-115-38772-1
定价：49.00 元

书号：978-7-115-39130-8
定价：49.00 元

书号：978-7-115-38045-6
定价：49.00 元

书号：978-7-115-33563-0
定价：25.00 元

书号：978-7-115-33748-1
定价：39.00 元

书号：978-7-115-37672-5
定价：35.00 元

书号：978-7-115-37804-0
定价：59.00 元

TURING

图灵教育

站在巨人的肩上
Standing on the Shoulders of Giants

图灵教育

站在巨人的肩上
Standing on the Shoulders of Giants